자연은 협력한다

IM WALD VOR LAUTER BÄUMEN. Unsere komplexe Welt besser verstehen
by Dirk Brockmann
ⓒ 2021 dtv Verlagsgesellschaft mbH & Co. KG, Munich/Germany
Korean Translation ⓒ 2022 by Haksan Publishing Co., Ltd.
All rights reserved.
The Korean language edition is published by arrangement with
dtv Verlagsgesellschaft mbH & Co. KG through MOMO Agency, Seoul.

이 책의 한국어판 저작권은 모모 에이전시를 통해 dtv Verlagsgesellschaft mbH & Co. KG와의
독점 계약으로 ㈜학산문화사에 있습니다.
저작권법에 의해 한국 내에서 보호를 받는 저작물이므로 무단전재와 무단복제를 금합니다.

자연은 협력한다

Im Wald vor lauter Bäumen

디르크 브로크만 지음 — 강민경 옮김

알레

릴리와 한나에게

"어떤 방에서 당신이 가장 똑똑하다면,
당신은 방을 잘못 찾은 것이다."

– 리처드 파인만Richard Feynman, 1965년 노벨 물리학상 수상자

'우리에게는 생동하는 지구에 대한 책임이 있다'는 인간의 교만함이 우습다. 힘없는 자의 수사학이나 마찬가지다. 지구가 우리를 돌보고 있는 것이지, 우리가 지구를 돌보는 것이 아니다. 반항하는 지구를 길들인다거나 병든 지구를 치유한다는 우리의 오만한 도덕적 계율은 그저 인간의 끝을 모르는 자기기만 능력을 보여줄 뿐이다. 사실상 우리는 자기 자신으로부터 스스로를 보호해야 한다.

우리는 솔직해져야 한다. 인간이라는 종 특유의 거만함에서 벗어나야 한다. 우리 인간이 다른 모든 종을 위해 유일하게 선택받아 만들어진 종이라는 증거는 어디에도 없다. 우리가 힘이 있고, 수가 많고, 위험하다고 해서 세상에서 가장 중요한 종이라는 생각도 잘못됐다. 스스로를 신이 특별히 만든 존재라는 인간의 착각은 그저 직립보행하는 포유동물이라는 우리의 진정한 위치를 제대로 직시하지 못하게 한다.

- 린 마굴리스^{Lynn Margulis}, 『공생자 행성』 중에서

| 차례 |

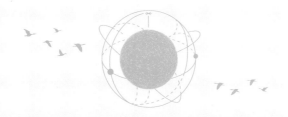

일러두기

- 책에 등장하는 주요 인명, 지명, 기관명 등은 국립국어원 외래어 표기법을 따랐지만, 일부 단어에 대해서는 소리 나는 대로 표기했다.
- 단행본은 『』, 논문은 「」, 연속간행물, 시 등은 《 》, 영화나 곡 이름은 〈 〉로 구분했다.
- 국내에 출간되지 않은 도서는 직역하고 원서명을 표기했다.
- 본문의 각주는 모두 옮긴이 주이다.

복잡계 과학의
관점에서 바라보기

이 책을 펼친 여러분을 환영한다. 아마 표지를 보자마자 눈치챘겠지만, 이 책의 제목은 은유적 표현이다. 이 책의 주제는 자연이 아니지만 여러분은 자연에 관한 내용을 알게 될 것이다. 사실 제목을 정할 때 여러 후보가 있었다. '간단하지 않느니 복잡하게', '버섯처럼 연구하기', 'K', '다양성' 등등. 결국 우리는 하나를 골랐다. '우리'라고 말한 이유는 여러 사람이 각기 다른 관점으로 제목 선정에 참여했기 때문이다. 가족, 친구들, 출판사 관계자들, 직장 동료들, 편집자, 대리인 등이다. 여러 사람으로 구성된 거대한 연결망이 총체적이고, 협력적이고, 조화롭고, 비판적으로 작용하여 때로는 이쪽으로, 때로는 저쪽으로 기울어 결정을 내렸

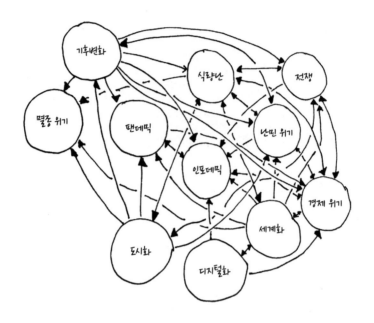

다. 어쨌든 책은 내가 스스로 써야 했다.

이 책의 차례를 이미 훑어보았다면 앞서 언급한 문장에 각 장 제목이 포함된다는 사실을 알 수 있다. 바로 복잡한 연결망, 조화, 임계성, 티핑 포인트, 집단행동, 협력이다. 이 모든 것은 우리가 살고 있는 복잡한 세상을 더 깊이 이해하는 데 도움이 되는 개념이다. 한 문장으로 요약하자면 다음과 같다. 한편으로는 자연의 복잡한 현상과 다른 한편으로는 우리 사회의 복잡한 구조 사이의 공통점을 인식하고 연관 지어 그 연결성에서 배우는 일이 보편적으로 중요하다.

너무 포괄적이고 추상적으로 들릴지도 모르니 예시를 들도록 하겠다. 2008년 9월 15일 미국의 투자은행인 리먼 브라더스 Lehman Brothers Holdings, Inc 가 파산을 선언했다. 역사의 한 축을 담당하던 거대하고 유서 깊은 은행이 무너지자 그 전년도부터 시작되었던 세계적인 경제 위기가 정점에 달했고 4조 달러에 달하는 주가가 폭락했으며 세계 경제는 큰 타격을 받았다. 리먼 브라더스는 2,000억 달러라는 빚을 남겼으며 하루아침에 2만 5,000명의 직원을 해고해야 했다. 이전까지 리먼 브라더스 같은 투자은행은 '대마불사 Too big to fail'라는 말을 들어 왔다. 세계 경제 시장에서 막대한 비중을 차지하는 이런 거대 기업이 위기를 겪을 경우 처참한 결과가 발생할 우려가 있으므로 파산을 막으려고 국가가 구제에 나설 것이기 때문이다. 이 위기를 불러일으킨 실질적인 메커니즘과 요소가 무엇이었는지, 왜 아무도 그것을 포착하지 못했는지, 그리고 2006년까지 미국 연방준비제도 Fed 이사회 의장을 맡았던 앨런 그린스펀 Alan Greenspan 같은 세계적인 경제학자조차도 현재 경제학에서 통용되는 이론과 조치, 방법 등이 현실을 묘사하기에는 불완전하다고 공개적으로 말하는 이유가 무엇인지에 대해 오늘날까지도 많은 전문가들이 갑론을박하고 있다. 사실 오래전부터 위기가 발생하리라는 예측이 있었다. 2006년, 세계 금융 위기가 발생하기 2년 전부터 미국 연방준비제도 이사회는 미국의 주요 학술 단체와 함께 회의를 개최했다. 이때 수학, 물리학, 생태학 및 경제학 분야의 학자와 전문가들이 모여 시장을 맴도는 시스템 위기라는 주제에 관해 새로운 생각과 의견을 나누고, 혼란이나 단시간 내의 붕괴를 발생시키는 원인이 무엇인지 고찰했다. 이 회의는 경제학의 아이디어, 통찰, 그리고 이론적 모델이라는 본질적인 성과를 남겼다. 1970년대 중반부터 생태학계의 주요 화두는 '생태학적인 연결망을 그토록 견고하게 만드는 특성은 과연 무엇인가?'였다. 생태학적 연결망은 이미 수백만 년이나 되는 역사 속에 존재하며 그 안정성을 증명했다. 생태계는 매우 역동적이고 강력하게 연결되어 있으며 변화하는 조건에 빠르게 적응하는 다양한 종이 섞여 있어 적응력이 강하지만 그럼에도 때로는 어떤 영향 때문에 심각하게 훼손돼도 균형을 찾는 시스템이다. 앞서 언급한 회의에서는 생태학 분야의 다양한 전문 지식이 경제학적인 맥락에서 재해석되었다. 표면적으로는 공통점이 전혀 없는 경제학과 생태학이라는 두 학문이 하나로 연결된 것이다. '은행가들의 생태학The ecology of bankers'[1]이라는 제목의 짧은 기사에 따르면 유명한 생태학자인 사이먼 레빈Simon Levin과 로버트 메이Robert May는 나중에 경제학과 생태학의 수많은 연결성에 관해 토론했다고 한다.

이 책은 이처럼 연관성이 전혀 없어 보이는 분야나 현상 사이에 놓인 교량을 다룬다. 사이먼 레빈과 로버트 메이는 둘 다 명성이 높으며 학계에 큰 영향을 미친 과학자이고, 생물학적인 현상과 사회적인 현상 사이의 유사성을 탐구했으며, 복잡계 과학^{Science} $^{of\ Complexity}$을 연구하는 전 세대 과학자들에게 영감을 주었다. 본디 사이먼 레빈은 수학자였고, 로버트 메이는 이론물리학자였지만, 생태학과 전염병학, 그리고 사회학 및 경제학 분야의 가장 중요한 저서를 펴냈다.

누가 나에게 전공이 무엇인지, 혹은 직업이 무엇인지 물으면 나는 이렇게 대답한다.

"이론물리학 분야 출신입니다."

과거에 "저는 물리학자입니다"라고 대답하던 습관은 버린 지 오래다. 이유는? 간단하다. 뭔가를 설명할 때는 화자 입장에서 말한 내용이 옳은 것도 중요하지만 그만큼 청자 입장에서 들은 내용을 머릿속에 뚜렷한 이미지로 떠올릴 수 있는 것도 중요하기 때문이다. 그래서 "저는 물리학자입니다"라는 내 대답은 적절하지 않다. 나는 사람들이 물리학이라면 으레 떠올릴 주제를 다루지 않기 때문이다. 전문 분야는 무엇이냐는 질문이 이어지면 대개 복잡성 이론, 복잡성, 복잡성 과학, 혹은 단순하게 복잡한 시스템(혹은 복잡계)이라고 답한다. 그러면 곧 대화가 중단되곤 하는데, 더 자세히 알고 싶어 하는 사람에게는 이 책을 선물

할 것이다.

나는 원래 이론물리학과 수학을 공부했다. 오늘날 나와 이론 물리학의 관계는 나와 고향인 브라운슈바이크의 관계와 비슷하다. 고향에 대한 그리움이나 향수병을 느낀 적은 거의 없지만 가끔 고향을 방문하며, 그곳의 사정에 훤하고, 그곳에서 자라며 배운 지식을 숙지하고 있다. 어린 나이에 고향과 물리적으로 멀어진 것과 마찬가지로, 나는 전통적인 물리학 분야에서도 일찌감치 멀어졌다. 순수 물리학을 공부하고 있을 때부터 다른 분야에 더 눈길이 갔다. 내 학사 논문의 주제는 포유동물의 호흡과 호흡 조절 방식이었다. 그 이후 1990년대 초반에는 막 연구가 활발해지기 시작한 신경망으로 관심이 옮겨 갔다. 컴퓨터가 너무 느려 신경망이 '인공지능'이라고 불리기 전이었다. 물리학 박사로서 생물학과 교수로 임용되기 전에 나는 미국에서 응용수학과 교수로 일하고 있었다. 정말 복잡다단한 이력이다.

신경망 다음에 내가 관심을 가진 분야는 '도약 안구 운동^{Saccadic Eye Movement}'이다. 도약 안구 운동이란 '그림을 보거나 글을 읽을 때 급격하게 방향을 바꾸며 빠르게 움직이는 눈의 운동'을 말한다. 인간은 시야의 중심부로만 대상을 선명하게 볼 수 있기 때문에 눈을 계속 움직여야 한다(실험해 보고 싶다면 시선은 정면으로 고정한 채 이 책을 손 너비만큼 왼쪽이나 오른쪽으로 움직이며 책을 읽어보자).

쉽게 설명하자면 스스로는 알지 못하지만 우리는 항상 모든 것을 흐릿하게 본다. "모든 것은 당신 머릿속에 있다It's all in your head."라는 영어 표현이 있다. 실제로는 대상을 흐릿하게 보더라도, 뇌가 우리를 속여 선명하게 본다고 믿게 만드는 것이다. 이에 관한 내용은 이 책의 후반부에 다시 나온다. 아무튼 사람들이 그림을 어떻게 관람하는지 실험을 통해 관찰한 다음, 그림 위를 오간 시선을 따라 선을 그어서 도약 안구 운동을 구체적으로 나타내면 마구잡이로 이은 듯한 복잡한 선이 다수 나타난다. 그런데 아무렇게나 그은 것 같은 그 선에도 구조가 숨겨져 있다. 바로 통계적이고 보편적인 규칙성이다. 다른 말로 '멱법칙Power law'이라고 한다. 이는 추후에 다시 설명하겠다. 우리 눈은 그림을 볼 때 왼쪽 위에서부터 오른쪽 아래로, 즉 책을 읽을 때와 똑같은 방향으로 움직이지 않는다. 그렇다고 눈의 초점이 불규칙적으로 움직이는 것도 아니다. 대개 우리 눈은 아주 짧은 도약 안구 운동을 반복하며 움직인다. 긴 거리를 건너뛰듯이 움직이는 경우는 흔치 않다. 도약 안구 운동 같은 움직임은 자연의 여러 측면에도 나타난다. 예를 들어 알바트로스가 먹이를 찾아 바다 위를 수 킬로미터 날아다닌 방향을 추적하거나, 브라질에 사는 거미원숭이가 열대우림을 이리저리 돌아다닌 움직임을 따라가면 도약 안구 운동과 아주 흡사한 복잡한 선이 그려진다.

내가 앞서 짧은 예시를 소개한 이유는 이 책을 왜 썼는지, 그리고 이 책의 주제가 무엇인지 두 가지 관점에 따라 설명하기 위해서다. 첫 번째로 이것은 우선 보는 것에 관한 책이다. 새로운 관점으로 보는 것, 그리고 머릿속에 올바른 이미지를 떠올리며 보는 것이다. 도약 안구 운동을 통해 관찰한 내용을 머릿속의 이미지와 연결할 때 우리가 계속해서 몇 가지 요소에 집중하거나(간격이 짧은 도약 안구 운동) 그것을 연결해 더 큰 전체에 집중하듯이(간격이 넓은 도약 안구 운동) 이 책 또한 여러분에게 각기 다른 주제를 알려준 다음 여러분이 예상치도 못한 곳에서 그것들이 연결되는 과정을 보여줄 것이다. 각 장에서는 각기 다른 현상을 설명할 것이다. 협력, 임계성, 티핑 포인트, 복잡한 연결망, 집단행동, 그리고 조화다. 모든 것이 내가 바라는 대로 된다면 여러분의 머릿속에는 '복잡계 과학의 관점에서 본 자연과 사회'라는 이미지가 자연스럽게 그려질 것이고, 여러분들은 앞서 언급한 주제가 서로 어떻게 연관되는지 알게 될 것이다.

두 번째로 이 책이 해야 할 일은 여러분이 겉으로 보기에는 전혀 다른 자연현상과 사회현상 사이의 분명한 연관성과 공통점을 알아채고 그 근본을 탐구하도록 돕는 것이다. 어쩌면 여러분도 나와 같은 과정을 겪을지도 모른다. 전혀 다른 두 대상 사이의 연관성과 관계성을 찾아내면, 특히 그 연관성이 쉽게 눈에 띄지 않는 것일 때, 손에 넣은 지식이 마법처럼 신기하게 느껴진다. 인간의 안구 운동과 알바트로스나 거미원숭이의 움직임 사이에 어떻게 공통점이 있을 수 있을까? 사람들은 그 공통점의 흔적을 어떻게 찾아낸 걸까? 도대체 어디에 연관성이 있는 걸까? 그리고 우리는 어떤 결론을 내릴 수 있을까?

도약 안구 운동을 연구할 때 나는 그저 우리가 주변 세상을 인식하고 그 내용을 머릿속에서 정리하고 구성하는 방식을 알고 싶었다. 그런데 인간의 안구 움직임이 알바트로스의 비행경로와 비슷하며 그 안에 근본적인 법칙이 숨어 있다는 사실을 알고 난 이후, 나는 인간의 움직임을 패턴화 해봐야겠다고 생각했다. 때는 2004년이었다. 스마트폰에 GPS 기능도 없던 시대였다. 당시 동료이던 라르스 후프나겔Lars Hufnagel, 테오 가이젤Theo Geisel과 함께 나는 인간의 움직임 대신 미국 내에서 움직이는 지폐 100만 장의 움직임을 추적했다. '조지는 어디에Where's George?, www.wheresgeorge.com'라는 유명한 통화 추적 프로젝트의 일환이었다. 관찰 결과 지폐의 움직임에서도 인간의 움직임과 비슷하고 보편적인 규칙을 따르는 패턴이 나타났다. 그다음 나는 인간의 이동성과 항공 이동 연결망을 통한 전염병의 세계적 유행을 연구하기 시작했다. 전염병의 확산 과정을 형상화하는 것은 현재 내가 하고 있는 연구 중 아주 중요한 부분이며, 그 결과 나는 코로나19 팬데믹이 퍼지면서 필연적으로 대중의 관심을 받았다. 나는 벌써 5년째 인간의 이동성과 전염병의 유행을 연구하고 있지만, 아직도 명확하게 아는 게 없다.

스스로를 복잡계 과학자라고 소개하는 동료 중 많은 사람들이 나와 마찬가지로 다양한 과학 분야를 거치며 복잡한 길을 걸어왔고 아마 여러분은 그중 몇몇을 이 책을 통해 알게 될 것이다. 그런데 사실 이렇게 복잡한 길을 걷는 것은 꽤 일반적이고 당연한 일이다. 여러분은 1장 복잡성에서 그 이유 또한 알게 될 것이다.

나는 이 책의 주제를 상당히 오랜 시간 생각해 왔다. 5년 전부터 나는 훔볼트 대학교 생물학 연구소에서 '생물학의 복잡한 시스템'이라는 강연을 꾸준히 하고 있다. 수강생도 많은 편이다. 대부분은 생물학과 학생이지만 다른 학과 학생도 적지 않다. 매년 느끼는 바이지만, 서로 다른 현상 사이의 공통점을 탐구하고 복잡성 이론에 총체적으로 접근하는 방법을 찾는 학문에 매료되는 사람들이 많은 것 같다.

대학교수로서 나에게 이 강연은 거대한 도전이었다. 각기 다른 분야의 연관성을 더 깊이 탐구하는 데 수학과 물리학 분야에서 차곡차곡 쌓은 지식이 도움이 될 테지만, 모든 학생이 수학과 물리학 기초 지식이 있으리라 전제할 수는 없었기 때문이다. 그래서 수학 공식 없이 강의 내용을 설명할 방법을 궁리했다. 그러

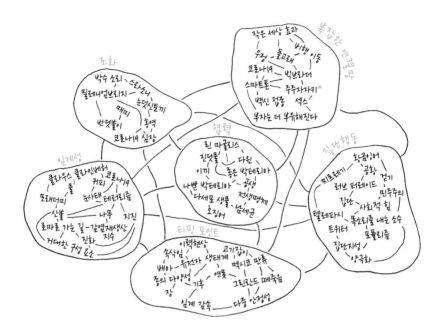

다가 강의를 위해 '탐험 가능한 복잡성^{Complexity Explorables, www.complexity-explorables.org}'을 구상했다. 웹에 기반을 둔 쌍방향 컴퓨터 시뮬레이션을 모아둔 웹사이트로, 생태학, 생물학, 사회학, 경제학, 전염병학, 물리학, 신경과학 및 다른 여러 분야의 다양하고 복잡한 시스템을 설명한다. 수학을 기반으로 대상을 파악할 수 없다면 쌍방

---

* Jujujajaki, 소셜 네트워크에서 공동체의 구조, 이질성, 클러스터 등이 어떻게 발생하는지를 알기 위해 만들어진 동적 네트워크 모델이다. 이 모델을 처음 제안한 사람들의 머리글자를 따 이름이 지어졌다.

향 컴퓨터 시뮬레이션의 도움을 받아 시스템을 '체험하고' 게임을 통해 이해도를 높일 수 있다. 그리고 이와 마찬가지로 더 많은 대중들에게 복잡계 과학을 알리기 위해 나는 이 책을 쓰기로 결심했다.

내 생각에 오늘날만큼 복잡계 과학의 관점과 지식이 도움이 되는 시대가 없다. 밀레니엄을 맞이한 2000년 1월, 세계적인 물리학자 스티븐 호킹Stephen Hawking은 한 인터뷰에서 이다음 세기에는 어떤 일이 벌어질 것 같으냐는 질문을 받았다. 그는 이렇게 답했다.

"다음 세기는 복잡성의 세기가 될 것 같습니다."

호킹은 우리 시대의 최신 기술 발전과 위기 극복 방법을 이해하는 데 한 가지 접근법이 도움이 되리라 보았다. 그 접근법의 핵심은 전혀 다른 방향으로 뻗은 과학 분야의 가지 사이의 유사점과 연관성 그리고 공통점을 탐구하는 것이다. 자연재해와 세계화로 인한 문제, 전쟁, 테러, 기후 위기, 디지털화에 따른 결과, 음모론 등을 독립적인 현상으로 볼 수 없기 때문이다. 이런 위기는 대단히 복잡하고 다면적일 뿐만 아니라 대개의 경우 서로 연관이 있다.

문제를 해결하고, 현존하는 그리고 앞으로 발생할 재앙에 더 철저하게 대비하기 위해 우리는 모든 것을 연결해 생각해야 한다. 어떤 요소가 본질적인지 알아볼 수 있어야 한다. 그보다 더 중요한 것은 불필요한 것을 무시하는 능력이다. 이 능력을 키우려면 근본적인 메커니즘과 패턴, 규칙성을 찾아야 한다. 메커니즘과 패턴, 규칙성은 단순히 어떤 현상의 성질을 묘사하는 요소가 아니다. 물론 이것들은 현상이나 시스템을 묘사하는 데 아주 중요하고 가치 있는 요소이지만, 그보다는 외부적인 조건이 변했을 때 현상이나 시스템에 어떤 변화가 일어날지를 예측하는 데 도움이 되는 요소라는 점에 주목해야 한다. 그렇기 때문에 여태까지의 과학적 접근법에 복잡계 과학의 접근법을 더하면 그 효과가 훨씬 커진다. 앞으로 여러분은 이 책을 읽으면서 다양한 분야의 예시를 다수 알게 될 것이고, 그 예시에서 이해한 근본 법칙에 따라 여러 분야 간의 연관성을 인식하게 될 것이다. 이 세상의 모든 지식이 들어 있는 스마트폰을 언제 어디서든 소지하는 세상에서 우리는 한 가지 전문 분야나 지식이라는 우물에 갇히지 않고 역동적인 연결성에 생각을 집중할 수 있다.

여러분은 상투적인 방법대로 이 책을 앞부분부터 읽을 수 있다. 혹은 각 장별로 뒤에서부터 앞으로 읽을 수도 있다. 그래도 좋다. 이 책은 하나의 연결망이고, 연결망이란 마치 원처럼 시작도 끝도 없는 것이다. 다만 1장 복잡성부터 읽기 시작할 것을 권장한다. 나머지 장인 2장 조화, 3장 복잡한 연결망, 4장 임계성,

5장 티핑 포인트, 6장 집단행동, 7장 협력은 여러분이 원하는 순서대로 읽어도 좋다. 각 장의 순서는 복잡성이라는 주제 안에서 방향을 찾는 데 필요한 개괄적인 지도일 뿐이다.

디르크 브로크만

1장

복잡성

버섯처럼 연구하기

"과학은 전문가들의 우매함을 믿는 것이다."

- 리처드 파인만, 1965년 노벨 물리학상 수상자

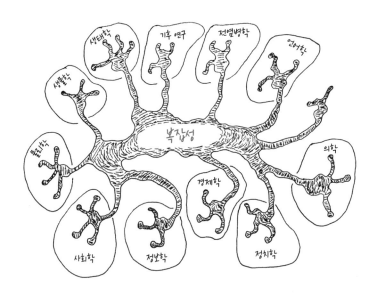

일상은 복잡하다. 우리 모두가 아는 사실이다. 커피머신, 비행기, 인간관계, 새 휴대폰 사용법, 소득세 신고. 복잡하지 않은 것이 없다. 영어로는 '움직이는 부분이 너무 많다a lot of moving parts'고 한다. 각기 다른 여러 부분이 동시에 움직이며 서로 의존하고 영향을 미치면 우리는 순식간에 멍한 상태에 빠지고 모든 것이 복잡하다고 느끼게 된다.

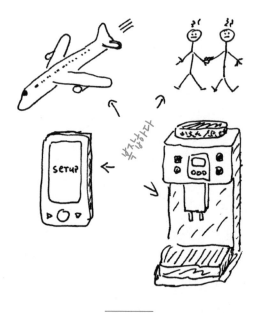

복잡한 것들

　그런데 복잡한 것들이 정말로 복잡할까? 복잡한 시스템은
반드시 복잡한 것이어야만 할까? 복잡하다는 뜻의 영어 단어
complex는 라틴어 cumplectere에서 유래했는데, cum은 '서
로', plectere는 '엮이다'라는 뜻이다. 즉, 복잡하다는 말은 많은
것들이 서로 얽히고설켜 있다는 뜻이다. 복잡한 시스템은 다양한
구성 요소로 이루어져 있는데, 이 요소들은 서로 연결되어 있다.
옷감을 직조하는 작업처럼, 결과물이 특정한 구조를 이루지만 개
별적인 요소인 실만 보아서는 그 결과를 예측할 수 없는 것이나

마찬가지다. 코바늘 뜨개질을 한창 하고 있을 때는 스웨터가 눈에 보이지 않듯이 말이다. '복잡함'이란 어떤 시스템이나 현상의 내부적인 구조에 해당하는, 객관적인 기준이다. '복잡하다'는 관찰자의 이해력과 관련이 있다. '복잡하다'는 주관적이다. 모든 현상은 대단히 복잡할 수 있고 동시에 복잡하지 않을 수 있다.

가장 이해하기 쉽고 일상적인 예시가 주사위다. 주사위를 던지고 그 장면을 고속 촬영해 슬로모션으로 보면 근본적인 구조는 아주 단순한 뉴턴역학Newtonian mechanics을 따르는 주사위의 움직임이 얼마나 다양하고 복잡한지 알 수 있다. 주사위는 어지러울 정도로 복잡한 움직임 패턴을 만들어낸다. 주사위가 바닥에 떨어졌을 때 나오는 눈의 수는 우연이다. 모양 자체는 아주 단순하게 생긴 주사위를 복잡하다고 말하는 사람은 아무도 없을 것이다.

전혀 복잡하지 않은 예시를 우선(아주 짧은 시간 동안) 접하고 나면 복잡한 시스템을 가장 잘 이해할 수 있다. 벽시계의 시계추를 생각해 보자. 시계추는 전혀 복잡하지 않다. 규칙적으로 움직이며 계산과 예측이 가능하고 심지어 조금 지루하기까지 하다. 복잡함이라고는 전혀 느껴지지 않는다. 시계추의 지루한 움직임을 활용해 상대방의 의식이 몽롱해지도록 만드는 최면을 걸 수도 있다. 이와 비슷하게 수학적으로 확고부동한 것이 태양의 주위를 도는 지구의 움직임이다. 지구는 (근사치로) 1년 동안 태양의

주사위는 단순하면서도 복잡하다.

주위를 한 바퀴 돈다. 이 움직임은 365.25일마다 한 번씩 반복된다. 지구는 늘 태양의 주위를 돈다. 아주 간단한 법칙이다.

그런데 만약에 벽시계의 시계추가 세로로 2개 연결된 형태라면 이야기는 달라진다. 아주 단순하던 시계추의 진자 운동이 갑자기 복잡한 이중진자Double pendulum의 움직임으로 바뀐다. 주사위의 움직임과 비슷하게 이중진자의 움직임 또한 대단히 구조적이고 아름답다. 추가 하나일 때는 단순하던 움직임이 추의 개수가 하나 늘어나는 순간 전혀 다른 움직임으로 바뀌는 것이다. 믿을 수 없다면 인터넷에서 이중진자의 움직임을 검색해 보라. 그러면 금방 이해하게 될 것이다. 이중진자 또한 뉴턴역학의 간단한 규칙성과 중력에 따라 움직이지만, 그럼에도 자유분방하다. 이중 진자의 움직임은 전혀 예측할 수 없으며 어쩔 때는 획 기울어졌 다가 어쩔 때는 기울어지지 않기 때문에 우연한 움직임처럼 보 인다.

이중진자는 복잡한 시스템, 예측 불가능하며 이해하기 어려운 구조와 그러한 특성 및 역학을 나타내는 것처럼 보이지만 사실 굉장히 단순한 법칙에 따라 움직인다. 우리는 대개 복잡한 움직 임에는 복잡한 메커니즘이 작용할 것이라 생각한다. 이중진자는 '결정론적 혼돈Deterministic chaos'이라는 움직임을 보인다. 이중진자처

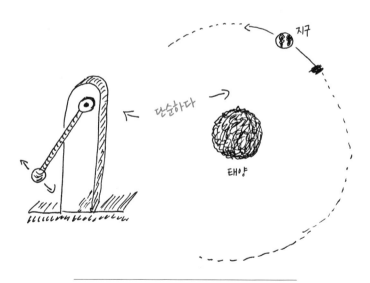

단순한 것들. 진자와 태양의 주위를 도는 지구의 움직임.

럼 혼돈 이론Chaos theory*에 따라 움직이는 것들은 정확한 수학적 규칙을 따르는데, 그렇다면 현재의 움직임이나 상태에 관한 지식을 기반으로 미래의 움직임이나 상태를 예측할 수 있어야 한다. 우리가 여러 행성의 움직임을 꽤 먼 미래까지도 아주 정확하게 예측할 수 있는 것처럼 말이다. 예를 들어 우리는 다음번 월식이나 일식이 언제 시작될지 정확히 알 수 있다. 그리고 1만 년 혹은 그 이상의 기간이 지난 후 월식이나 일식이 언제 발생할지도 알 수 있다. 그렇다면 원칙적으로 이중진자의 움직임 또한 예측할 수 있는 것이어야 한다. 그런데 문제가 있다. 어떤 시스템의 미래 상태를 실질적으로 예측하려면 현재의 상태를 알고 또 정확하게 측정할 수 있어야 한다. 측정을 할 때는 항상 측정값의 오류가 발생하는데, 성능이 더 뛰어난 측정 도구를 사용해 측정값의 오류를 줄일 수는 있지만 완전히 오류를 없애지는 못한다. 그래서 처음의 상태를 측정할 때 작은 측정값의 오류가 발생하면 미래의 상태를 예측할 때도 작은 편차가 발생하게 된다. 행성의 움직임이나 추 하나의 진자 운동 같은 혼란스럽지 않은 시스템의 경우는 그렇다. 예를 들어 내가 추 하나의 진자 운동을 측정하면서 1도라는 측정값의 오류를 가졌다면, 미래의 추의 움직임을 예측할 때

---

* 무질서하게 보이는 혼돈 상태에도 논리적 법칙이 존재한다는 이론.

발생하는 편차 또한 1도 내외일 것이다. 이때 등장하는 것이 결정론적 혼돈의 특성이다. 처음의 상태를 측정할 때 발생하는 오류가 점점 커지기 때문에 아주 짧은 시간 이후의 상태 예측조차 틀릴 수 있다. 항상, 원칙적이고 그리고 근본적으로 그렇다. 누구나 떠올리기 쉬운 일상 속의 예시 중 하나가 당구다. 처음에는 당구대 위에 삼각형 모양으로 자리가 잡힌 당구공 15개가 놓여 있다. 게임이 시작되면 하얀 당구공(큐볼)이 삼각형으로 모여 있는 당구공으로 돌진한다. 큐볼의 방향이 조금만 빗나가도 큐볼에 맞은 다른 당구공들의 움직임은 완전히 달라진다. 하지만 이때 서로 부딪치며 다른 방향으로 향하는 당구공들은 단순한 물리적 충돌의 법칙을 따른다.

자연 상태에서 결정론적 혼돈은 법칙이지 예외가 아니다. 또

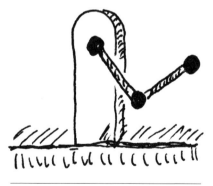

이중진자. 단순해 보이지만 사실 매우 복잡하다.

다른 예시가 일기예보다. 날씨를 예측할 때 어떤 방정식과 물리 법칙을 사용하는지는 잘 알려져 있다. 그런데 날씨의 물리학은 혼돈이고, 우리는 3개월 후 미래의 날씨도 정확히 계산하지 못한다. 자연에는 우리가 움직임의 법칙을 알고 있음에도 불구하고 도무지 예측할 수 없는 수많은 시스템이 많이 있기 때문이다. 조금 실망스럽지만 그만큼 아름다운 일이다. 결국 우리가 보는 모든 것들은 한눈에 파악할 수 있고 구조가 간단한 물리학 법칙에 따라 결정된다. 하지만 이 세상은 복잡성과 예측 불가능성으로 가득 차 있다. 그 근본적인 원인 중 하나가 결정론적 혼돈의 특성이다.

반대로 이렇게 생각할 수도 있다. 매우 복잡한 시스템이 때때로 아주 단순한 움직임을 보이기도 하는데, 이때 시스템의 복잡성을 간접적으로 알 수 있는 경우가 있다. 복잡계 과학 분야에서 자주 사용하는 개념 중 하나가 '창발^{Emergence}'이다. 창발이란 '표면적으로 드러난 원인이 없이 복잡한 혼란 속에서 갑자기 질서나 구조가 생겨나는 것'을 말한다. 가을날 어마어마한 규모의 찌르레기 떼가 하늘을 가로지르며 날아가는 모습을 본 사람들은 창발이 무엇인지 이해할 수 있을 것이다. 이런 집단행동 양상(인간에게서도 나타난다)은 더 자세히 살펴볼 필요가 있다. 새들이 무리 지어 이동하는 모습과 사람들이 경기장에서 파도타기 응원을 하는 모습, 고속도로에서 발생하는 갑작스런 교통 체증, 소셜 네트워크의 여론 형성 안에는 복잡한 개별적 요소(예를 들어 각각의 새들, 축구 팬들, 자동차 운전자들, 페이스북 사용자들 등)들이 벌이는 수많은 상호작용이 있다. 이 개별 요소들은 독립적으로 결정을 내리며 모든 요소들이 외부의 영향에 각기 다른 반응을 보인다. 그럼에도 전체적으로 보면 갑자기 어떤 행동, 즉 집단행동이 창발한다. 각 개별 요소로부터는 이런 구조를 도출할 수 없다. 집단행동과 같은 시스템은 복잡하다. 수많은 개별적이고 각기 다른 요소가 명확히 알기 힘든 규칙에 따라 반복적으로 서로 협력하면서 예상치 못한 총체적 움직임이 만들어진다. 전체를 조종하고 이끄는 존재의 지시가 없어도 각 구성 요소가 스스로 전체의 구조나 역학을 따르는 아주 전형적인 예시다. 즉, 복잡한 시스템은 대부분의 경우 저절로 조직된다. 지도자도 관리인도 없다. 갑작스런 교통 체증은 저절로 발생한다.

코로나19 팬데믹 상황 속에서도 이런 예시를 관찰할 수 있었다. 아마 누구나 기억할 것이다. 2019년 말에 중국에서 코로나바이러스 감염증-19를 일으키는 바이러스인 SARS-CoV-2가 발생했다. 이 바이러스는 불과 몇 주 이내에 전 세계로 퍼졌다. 사람과 사람 사이에 전염되는 바이러스를 여행객들이 각지에 옮긴 것이다. 독일에서는 2020년 3월 초에 첫 번째 대규모 감염이 발생했다. 4월에는 하루에 6,000명 이상의 신규 감염자가 기록됐다. 상황은 심각했다. 모든 사람들이 전에 없던 새로운 종류의 위기가 발생했다고 직감했다. 마스크 착용이 효과가 있는지, 락다운 조치를 마련해 정치적으로 시행해야 하는지에 관한 논의가 진행되었다. 곧 첫 번째 대유행은 잠잠해졌고 감염자의 수는 줄어들었다. 여름 동안에는 감염자의 수가 낮은 수준으로 유지되었다. 곧 두 번째 대유행이 시작됐다. 다른 모든 유럽 국가와 마찬가지로, 독일의 두 번째 대유행 또한 첫 번째 대유행보다 훨씬 심각하고 강력한 것이었다. 두 번째 대유행이 시작되자마자 여러 전문가들이 동시에 입을 열었다. 독일의 바이러스 학자이자 전문가인 크리스티안 드로스텐Christian Drosten과 잔드라 치제크Sandra Ciesek는 팟캐스트를 통해 전문 지식을 전달하며 팬데믹 대책을 이끄는 역할을 했다. 두 사람은 자신의 전공 분야가 아닌 분야의 지식도 적극적으로 받아들였고, 이런 태도 덕분에 대중들에게 코로나19와 관련된 지식을 이해하기 쉽게 전달하고 현실을 있는 그대로 보여줄 수 있었다. 이것은 대단히 중요한 일이다. 애초에 팬데믹이 시작됐을 때 바이러스 학자들은 우리가 다루고 있는 것은 결국 새로운 바이러스라고 말했다. 그리고 그 새로운 바이러스를 분류하고, 바이러스의 게놈 시퀀싱을 수행하고, 감염 경로를 파악하고, 임상 경과를 철저히 검사해야 한다고 주장했다.

전염병학 전문가들을 향한 질문도 적지 않았다. 독일의 보건 기관인 로베르트 코흐 연구소^{Robert Koch-Institut, RKI}는 언론의 주목을 받으며 감염자의 수와 발병률을 발표했다.

도표와 모델 등을 자주 만드는 전문가들, 특히 물리학자와 전산학자들은 예측 도구를 만들고 데이터를 분석하고 감염자 수를 설명했다. 독일 전역의 이동성을 측정하고 코로나 경고 앱이라는 디지털 접촉 추적 도구를 개발했다. 전문가들이 사람들의 관계망을 두고 토론할 때 등장한 주요 단어가 '슈퍼 전파자'였다. 심리학자와 행동과학자들은 팬데믹으로 인한 피로감이나 백신 접종에 대한 다양한 반응 등의 새로운 현상을 연구했다. 팬데믹과 함께 음모론도 퍼졌다. 어떤 사람들은 알루미늄 호일로 만든 헬멧을 쓰고 다녔고, 네오나치^{Neo-Nazi}*들은 비교^{秘敎} 신봉자들과 함께 행진하기도 했다. 총체적인 시스템으로 보자면 팬데믹은 매우 복잡하고 연결망이 두터우며 역동적이고 생물학적이고 공동체적이고 사회적이며 동시에 경제적인 현상이다. 타인과의 연락, 사교 행위, 이동성 등 인간의 거의 모든 행동이 코로나19의 영향을 받았다. 종합적으로 볼 때 헤아릴 수 없는 수많은 요소들이 정교하게 짜인 신경총^{Nervous plexus}**을 구성하듯이 팬데믹 또한 지역에

---

*   신나치주의자.

**   신경섬유의 집합.

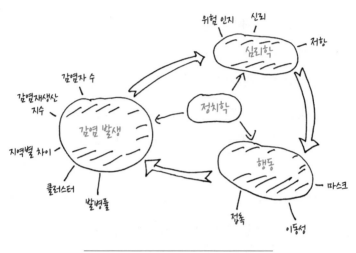

위험 인지　신뢰

심리학

저항

감염자 수

감염재생산
지수

정치학

감염 발생

지역별 차이

클러스터

발병률

행동

마스크

접촉

이동성

코로나19 팬데믹. 복잡하고 역동적인 현상이다.

서, 국가에서, 그리고 전 세계에서 퍼졌다.

그렇기 때문에 팬데믹이 수학이라는 옷을 입고 있다고 생각하기란 주제넘은 일이다. 그렇게 단정 짓기에는 너무 많은 불확실성과 예측 불가능성, '인간이라는 요소'가 영향력을 행사하고 있기 때문이다. 그런데 팬데믹 현상을 총체적인 것으로서 이 책에 소개한 수단을 활용해 관찰한다면 우리는 곧 복잡성의 혼란스러운 양상 속에서 특정한 규칙을 빠르게 찾아낼 수 있을 것이다. 앞서 이미 언급했던 몇 가지 자연의 기본 원칙을 알면 이를 이해하는 데 도움이 된다. 예를 들어 동시다발적으로 발생하는 여러 현상이라든가 간단한 규칙에서부터 집단행동이 탄생하는 과정, 혹은 티핑 포인트가 다가왔을 때 시스템이 보이는 반응, 복잡한 연결망의 특성 등을 알면 좋다. 또 협력이 어떤 역할을 하며 어떻게 발생하는지 알면 도움이 된다. 이 모든 주제는 앞으로 차차 다루도록 할 것이다.

복잡한 현상이 어떻게 성립하고 그것이 어떤 숨겨진 법칙을 따르는지를 밝혀내는 것이 과학의 숙명이다. 생물학이든 물리학이든 공동체든 정치든 생태학이든 경제학이든, 분야를 막론하고 그 안의 복잡한 시스템 사이에서는 연관성이 관찰되며 그것이 대부분 비슷한 근본 원칙에 따라 발생했다는 사실이 특히 놀랍다. 이런 '수평적' 연결을 깨닫고 그로부터 새로운 견해와 지식을 도출하는 것이 복잡계 과학이라는 존재의 핵심이다.

복잡계 과학과 반과학적인 생각

그렇다면 복잡계 과학, 줄여서 복잡성이란 도대체 무엇인가? 복잡성으로 가는 첫 번째 단계는 대상을 바라보는 쪽으로 몸을 돌리는 것이 아니라 등지는 것이다. 즉, 전통적인 학문에서 벗어나야 한다. 비유적인(늘 그런 것만은 아니지만) 의미로 복잡계 과학자들은 규율을 따르지 않는다. 제3자가 나를 소개한다면 내 이력을 근거로 어쩔 때는 물리학자로, 어쩔 때는 수학자로, 때로는 이론 생물학자나 생물정보학자, 혹은 전염병학자라고 말할 것이다. 그런데 복잡한 시스템에 관심이 있는 수많은 동료들과 마찬가지로 나는 한 가지 학문에 정착하지 않았다. 복잡한 시스템 연구의 핵심과 그 연구자들을 정확하게 묘사하는 말이다. 복잡계 과학은 태생적으로 한 가지 학문이나 규율만을 따르지 않는다.

그것은 무슨 뜻일까? 복잡계 과학이란 테두리가 없는 영역이나 마찬가지다. 모든 전통적인 학문 분야에 뻗어 나가서 자신의 몸집을 키운다. 원래 해당 분야에 종사하던 전문가들에게는 항상 기꺼운 일이지만은 않다. 복잡계 과학자 중 대부분이 특정한 연구 분야에 중점을 두고 있기는 하지만, 관심 분야를 자주 바꾼다. 즉, 복잡계 과학자들은 과학 분야의 노마드(유목민)다. 그 이유는 아마도 복잡계 과학자들이 이미 알고 있는 지식보다는 아직 이해하지 못한, 그래서 꼭 탐구하고 싶은 지식에 더 집중하기 때문이리라. 20세기의 위대한 과학자 중 한 명이자 노벨 물리학상 수상자이며 훌륭한 스승이기도 한 리처드 파인만이 이렇게 말한 적이 있다.

"어떤 방에서 당신이 가장 똑똑하다면, 당신은 방을 잘못 찾은 것이다."

복잡성 연구 분야의 중심 사상으로 꼽을 수 있는 말이다. 말 그대로 복잡계 과학자들은 항상 호기심을 느끼며 호기심에 산다.

복잡계 과학을 유기체로 비유하고 싶다면 버섯을 떠올리면 된다. 나무나 숲속 땅 위에서 찾을 수 있는 자실체*가 아니라, 모든 버섯종의 근원이라고 할 수 있는 균사체**를 떠올려 보라. 일반적인 버섯은 대부분 현미경을 사용해야만 보이는 아주 가느다란 솜털 같은 것이 땅속에서 복잡하게 얽혀 있는 균사체를 기반으로 생겨난다. 이 균사체를 통해 영양분의 이동이 이루어진다. 뽕나무버섯이라는 버섯의 경우 버섯 하나의 균사체가 수 제곱킬로미터에 이르는 면적을 덮을 수도 있다.

미국 서북부의 오리건주에서 2000년에 발견된 뽕나무버섯의 균사체는 면적이 무려 9제곱킬로미터***에 달했다. 버섯 하나의 무게가 대략 900톤가량으로, 나이는 2,500살로 추정됐다. 여태까지 발견된 단일 생명체 중에는 지구상에서 가장 큰 것이다. 또 다른 멋진 예가 바로 점균류인 '황색망사점균Physarum polycephalum'이다. 일명 '블롭Blob'이라고도 불린다. 황색망사점균은 오래되어 썩은 나무줄기에 노랗고 거대한 그물 형태의 연결망을 구성하는데, 이 연결망은 수 제곱미터 범위까지 자란다. 이 그물망이 황색망사점

---

* 균류에서 포자를 만드는 영양체.

** 균의 몸체를 이루는 섬세한 실 모양의 구조를 말한다. 공기 중으로 뻗은 균사의 끝에 만들어지는 것이 자실체다.

*** 여의도 면적의 3배.

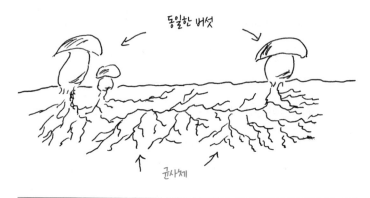

동일한 버섯

균사체

버섯은 대부분 균사체로 구성되어 있다. 균사체는 생물 조직이 땅속에서 복잡하게 얽힌 다발을 말한다.

균 전체에 영양분을 공급한다. 황색망사점균이 특이한 이유는 이것이 신경계가 없는 단일 세포 유기체라는 사실 때문이다. 즉, 생물학적인 세포 단 하나로만 구성되어 있으며, 여태까지 알려진 것 중에는 세상에서 가장 큰 단일 세포다. 황색망사점균이 최적화 문제*를 해결하는 능력은 특히 대단하다. 황색망사점균이 자라는 표면은 영양분의 밀집도가 높은 곳이다. 이때 황색망사점균은 두 지점 사이를 그물 형태 구조물로 이어 연결망을 만든 다음 영양분이 몸 전체에 가장 효율적으로 전달되도록 한다. 약 10년 전부터 과학자들은 샬레 안에 영양분을 마치 지하철역처럼 띄엄

---

*   응용수학 분야에서 중요한 주제로, 여러 대안과 가능성 중 최선의 답을 찾는 것을 말한다.

띄엄 분배한 다음 황색망사점균을 기르는 실험을 진행했다. 시간이 지나자 샬레 안에는 마치 지하철 노선도 같은 연결망이 형성됐다.

숲의 땅바닥을 뒤덮어버리는 뽕나무버섯의 균사체나 영양분 섭취를 극대화하기 위해 죽었거나 겨우 살아 있는 나무와 나무 사이를 연결하는 황색망사점균처럼 복잡계 과학 또한 전통적인 과학 분야를 아우르며 그것들을 모두 연결하는 연결망이다.

그렇다면 복잡계 과학이라는 접근법은 쓸데없이 힘만 낭비하며 어떤 지식도 깊이 파헤치지 못하고 수박 겉핥기식으로만 알고 지나가는 것이 아닌가 싶은 생각이 들지도 모른다. 그런데 사실은 그 반대다. 루이스 아마랄Luis Amaral이 좋은 예다. 아마랄은 포르투갈 출신의 물리학자다. 미국 시카고에 있는 노스웨스턴 대학교에서 학생들을 가르쳤는데, 나도 그곳에서 아마랄과 5년 동안 동료로 지냈다. 아마랄은 세계적으로 이름난 복잡계 과학 분야의 학자 중 한 명이다. 그의 훌륭한 논문 목록을 살펴보면 팀의 구조와 효율성, 여러 축구팀의 패스 연결망 사이의 차이점, 전 세계 항공 이동 연결망 최초 분석, 과학 및 경제 분야의 성 불평등에 관한 양적 연구, 인간의 노화 과정 및 여러 다른 주제에 관한 연구 결과를 알 수 있을 것이다. 이 모든 연구는 생물학, 사회학, 경제학, 전염병학, 젠더 연구 등 전통적인 학문 분야와 관계가 있다. 아마랄의 연구는 중요한 지식을 우리에게 전달했을 뿐만 아니라 여러 분야에서 인용됐고 앞으로도 인용될 것이다. 루이스 아마랄 같은 과학자의 본질적 특성은 어떤 사전 지식이나 방식을 활용할 수 있을지 생각하는 것이 아니라 아직 아무도 답을 찾지 않은 질문을 탐구하고자 행동에 나서는 것이다.

이런 특성을 가장 잘 보여준 사람이 2020년에 사망한 오스트레일리아 출신의 영국 과학자 로버트 메이다. 로버트는 옥스퍼드 대학교 동물학과의 교수였으며 살아 있는 동안 아주 널리 알려지고 인정받은 석학이었다. 로버트는 오랜 시간 동안 영국의 자연과학 학회인 왕립 학회Royal Society의 회장을 지냈다. 나는 박사 학위를 갓 취득했을 때 그와 처음으로 연락한 적이 있다. 로버트는 당시 나와 동료인 라르스 후프나겔, 테오 가이젤을 격려했고 당시 유력 잡지에 소개됐던 감염병 확산과 세계 항공 이동 연결망 사이의 연관성에 관한 우리의 연구 성과[1]도 칭찬했다. 로버트가 없었다면 내 인생은 아마 지금과는 전혀 다른 방향으로 나아갔을 것이다. 그와 직접 만난 것은 2005년 봄에 베를린에서 열린 독일 물리 학회에서였다. 당시 기념 강연을 맡았던 로버트는 연락망에 관한 연구 성과 및 성관계 상대와 슈퍼 전파자[2]에 관한 도수분포를 발표했다. 물리 학회에서 들을 것이라고는 아무도 예상하지 못한 주제였다. 로버트는 그때 이미 69세로 커리어를 마무리하는 단계에 있었다. 그가 84세를 일기로 사망했을 때 《뉴욕타임스》는 로버트를 두고 '멈추지 않은 빅 픽처 과학자'라고 불렀다. 로버트는 수많은 분야의 선구자였다. 상당히 일찍부터 생태계의 안정성을 연구했고, 종의 다양성은 (당시 여러 전문가들이 주장하던 것과는 반대로) 혼란스러운 것이며 그렇기 때문에 다른 여러 요소가 다양성으로서 자연을 안정시켜야 한다는 획기적인 연구 결과를 내놓았다(이에 관해서는 7장 협력에서 다시 설명하겠다). 1980년대에 로버트는 전염병학자인 로이 앤더슨 Roy Anderson 과 함께 전염병 모델링 분야를 실용적인 방식으로 새로 개발했다. 1976년에는 유력 과학 저널인 《사이언스》에 「매우 복잡한 동적 구조를 가진 간단한 수학적 모형」[3]이라는 제목의 논문을 발표했다. 이 논문은 혼돈 이론과 혼돈 시스템 Chaotic system 연구가 발전하는 초석이 되었고, 복잡성 연구라는 가지가 뻗어 나오는 데 중요한 역할을 했다.

로버트가 발표한 논문의 제목은 항상 단순하며, 그 안에 제시된 질문 또한 간단명료하다. 몇 가지 예를 들겠다. 「거대하고 복잡한 시스템은 안정적일까? Will a large complex system be stable? 」, 「지구에는 얼마나 많은 종이 있을까? How many species are there on earth? 」, 「은행가들을 위한 생태학 Ecology for bankers 」 등이다. 웅대한 커리어의 마지막 기간을 로버트는 금융시장의 역동성 연구에 바쳤다. 그는 거래망과 금융 연결망 사이의 역동적인, 그리고 구조적인 유사점을 연구하는 한편 그 두 가지와 생태계의 상호작용 연결망 사이의 유사점도 연구했고, 그렇게 알아낸 유사점으로부터 그때까지 어떤 분야의 전문가도 언급하지 않았던 새로운 추론을 이끌어냈다. 그의 연구 및 분석 결과를 보고 다른 많은 연구자들이 자극받아 연구 프로젝트를 진행했고, 어떤 구조적 특성이 생태계 연결망을 특히 견고하고 동적이며 안정적으로 만드는지 확인했다. 바로 그 구조가 은행 사이의 거래망에서도 발견되었는데, 한 가지 중요한 차이가 있었다. 은행의 거래망은 성장 지향적이어서 필연적으로 불안정하며 금방 무너질 수밖에 없었다. 이 내용은 추후에 더 자세히 설명하도록 하겠다.

환원주의: 올바른 방법

그렇다면 루이스 아마랄이나 로버트 메이 같은 고학력 물리학자들이 어떻게 자신들이 전공한 전통적인 학문 분야 이외의 분야에서 깊은 지식을 얻고 많은 이들로부터 주목받는 데 성공했을까? 답은 간단하다. 그들은 모두 환원주의의 날카로운 칼날을 다른 각도로 사용했다. 환원주의라는 칼날을 전통적인 방식으로 사용하면 복잡한 시스템을 아주 깔끔하게 잘라 나눌 수 있고, 모든 학문 분야와 그 전문가들이 작게 나뉜 조각을 철저히 분석해 세부적인 지식과 연구 결과를 얻을 수 있다.

그런데 복잡계 과학의 접근법은 다른 방식으로 작용한다. 우선 전체 시스템을 작은 조각으로 나누지 않는다. 대신 결정적인 특징이 무엇인지, 어떤 세부 사항은 무시해도 되는지를 알아내는 것이 중요하다. 이런 방식, 즉 무시하기(아마도 복잡계 과학에서 가장 중요한 기능일 것이다)는 복잡계 과학이 물리학으로부터 차용한 것이며, 다른 과학 분야에 전달한 것이기도 하다. 로버트는 누구보다도 이 방식에 능숙했다. 그는 본질적인 것만을 찾아내고 발견하고 추출해 깊이 탐구했다. 로버트 같은 과학자나 연구자들은 생물학, 생태학, 경제학, 사회학, 신경과학, 심리학 및 다른 여러 분야 사이를 유목민처럼 오가면서도 항상 그 능력을 겸비하고 있다.

본질적이지 않은 요소를 무시하고 보편성을 추구한다는 '전체적 환원주의'의 원칙은 아주 중요하니 두 가지 일상적인 예시를 들어 설명하고자 한다. 사람의 인물 사진을 임의로 골라 관찰하다 보면, 차이점을 금방 알 수 있다. 즉, 어느 누구도 타인과 똑같지 않다. 그렇다면 여기서 드는 의문은 과연 어떤 얼굴을 고유한 얼굴로 만드는 본질적인 특징이 무엇이냐는 점이다. 이때 한 가

환원주의. 전통적인 것과 복잡한 것.

지 모델을 구상할 수 있는데, 그것이 바로 스마일 이모티콘이다.

스마일 이모티콘은 얼굴을 표현하는 아주 좋은 모델이다. 현실적인 이미지는 아니지만 얼굴이 형성되려면 눈, 입, 그리고 머리가 필요하다는 사실을 알려 준다. 즉, 귀나 코, 머리카락, 안경, 색, 눈썹, 입술 등은 꼭 필요한 것이 아니니 무시해도 된다. 동시에 공통적으로 연결된 요소를 확인한다. 19개월인 내 딸에게 승용차, 화물차, 기중기, 트랙터, SUV, 경주용 자동차의 사진을 보여주면, 어떤 것을 보든 아이는 "부릉부릉"이라고 말한다. 이 모

무시할 수 있다. ←   이것도 무시할 수 있다.

양쪽 귀는 무시할 수 있다.

든 자동차가 제각기 다르게 생겼음에도, 아이는 대부분의 자동차를 나타내는 특징, 즉 모터 소리와 바퀴를 인식하고 있다. 그 이면에는 사람이 지각한 공통점 외에도 많은 비밀이 숨어 있다. 과학적으로 관찰한다면 보편적인 기능을 이끌어낼 수 있을 것이다. 승용차든 화물차든 SUV든 경주용 자동차든, 모든 자동차는 다른 부품을 다 떼어내고 가장 본질적인 모터와 바퀴만 남기더라도 정상적으로 작동할 것이다.

우리는 이와 비슷한 경험을 자주 한다. 부모는 자녀를 보고 유일하고 특별한 존재라고 말한다. 동시에 같은 부모가 (바라건대) 모든 인간은 동등하고, 동일한 권리를 갖고, 인종이나 성별, 출신지 등으로 인한 차이는 없으며, 피부색은 중요하지 않다고 아이에게 가르친다. 당연하게도 모두 옳은 말이다. 우리는 타인과의 차이점으로부터 개인의 개성을 도출해 내고, 유사점으로부터 동등함을 도출해 낸다. 그런데 안타깝게도 우리 사회는 때때로 다른 결과에 도달한다. 인종차별, 성차별, 외국인 혐오, 전쟁, 사회적 불평등. 이 모든 현상이 논증에 따른 서로 간의 차이에서 파생된다. 우리는 또한 우스울 정도로 중요도가 낮은, 내가 보기에는 무시해도 좋은 특성인, 이를테면 인지능력이 있다는 이유만으로 호모 사피엔스라는 종에 '특수한 지위'를 부여한다. 그렇다면 같은 맥락에서 코끼리에게도 긴 코를 이유로 특수한 지위를 부여할 수 있을 것이다. 공통점은 서로 다른 대상을 결합하는 것을 넘어서 구속성을 부여하기도 한다. 서로를 구분하는 차이점은 끝없이 많지만 공통점을 가질 가능성은 매우 적기 때문이다. 현대의 자연과학은 오로지 이 구속성을 통해 발전해 왔다. 뉴턴 ^{Isaac Newton}이 물건이 바닥으로 떨어지는 현상과 지구의 주위를 도는 달의 움직임 사이의 연관성을 발견하지 못했다고 한번 생각해 보자. 그러면 우리는 달이 지구의 주위를 도는 과정이나 물건을 떨어뜨렸을 때 그것이 수직으로 떨어지는 이유를 각기 따로 정확히 측정했을 것이다. 측정 후에 우리가 아는 일련의 지식은 행성의 움직임과 땅으로 떨어지는 물체에 대한 것뿐이다. 어쩌면 물건을 떨어뜨렸을 때 그것이 질량과 상관없이 같은 속도로 떨어진다는 사실도 알아냈을지도 모른다(갈릴레오 갈릴레이^{Galileo Galilei}는 이미 알고 있던 내용이다). 그렇지만 땅으로 떨어지는 물체와 천체의 움직임 사이의 연관성을 발견하지는 못했을 것이다. 뉴턴의 만유인력의 법칙(중력 이론)이 만들어지고 나서야 그 두 가지 현상 사이의 연결성이 발생했고 가능성의 범위가 좁혀졌다. 만유인력의 법칙의 가치는 떨어지는 물체나 행성의 움직임을 계산할 수 있는 방법이라는 사실이 아니라 그 두 가지 현상 사이에 상상할 수 없을 정도로 견고한 다리를 놓았다는 데 있다.

물리학자

희한하게도 복잡계 과학 분야에는 물리학자가 많다. 루이스 아마랄과 로버트 메이도 그렇다. 앞으로 여러분은 복잡계 과학 분야에 있는 물리학자를 몇 명 더 알게 될 것이다. 복잡계 과학 분야에 물리학자가 많은 이유는 무엇일까? 로버트 메이는 어떤 인터뷰에서 이렇게 말했다.

"이론물리학 분야의 배경지식이 충분하다면 무엇이든 할 수 있습니다."

메이가 이렇게 말한 의도는 물리학자들이 모든 지식을 꿰뚫고 있다거나 지능이 높고 명석하다고 강조하려는 것이 아니다. 메이는 물리학을 공부했을 때 대상을 이리저리 바꿀 수 있는 여지가 대폭 커진다는 의미에서 '무엇이든 할 수 있다'고 말했다. 그가 강조한 것은 행동에 동원되는 수작업이나 도구다.

그렇다면 이론물리학이란 과연 무엇이고, 물리학적인 사고방식은 다른 학문의 사고방식과 어떻게 다를까? 물리학이라는 말을 들으면 사람들은 입자 가속기, 블랙홀, 알베르트 아인슈타인 Albert Einstein, 암흑 물질, 쿼크Quark*, 시공간, 상대성 이론, 레이저 광선 등을 연상한다. 중고등학교에서는 물리학 수업 시간에 한쪽 끝에서 다른 쪽 끝으로 굴러서 이동하는 구체를 관찰하며 지루한 시간을 보내거나 F=ma라는 공식을 그저 외우거나 뉴턴과 빛의 굴절을 배웠을 것이다. 운이 좋아 수업 시간에 잠들지 않았다면 선생님이 반 데 그라프 발전기Van de Graaff Generator**로 불꽃을 만들어 내는 과정이나 급우의 머리카락이 정전기에 의해 하늘 높이 솟구치는 모습을 보았을지도 모른다. 물리학을 안다면 전혀 놀라운 일이 아니다. 그렇지만 사람들이 물리학의 숨겨진 진정한 과실을 맛보고 재미를 느끼는 경우는 안타깝게도 아주 드물다. 이론물리학의 중심 주제는 대상의 근본을 파헤치면서 동시에 조감도를 보듯 대상을 멀리서 관찰하는 것이다. 내밀하고 눈에 보이지 않는 것을 찾아내고 탐구해야 한다. 실험물리학은 이름에서

---

* 우리 우주를 구성하는 가장 근본적인 입자. 양성자와 중성자의 구성 입자로 널리 알려져 있다.
** 고전압을 발생시키기 위한 장치.

알 수 있듯이 실험이 중심인 학문이다. 덴마크의 물리학자인 수네 레만$^{Sune\ Lehmann}$(이 이름은 나중에 다시 등장할 것이다)이 나에게 이런 말을 한 적이 있다.

"물리학자들은 무슨 일이 일어나는지 보려고 대상에 총을 쏘지."

이론물리학은 근본에 다다를 때까지 어떤 현상을 집요하게 파헤치는 학문이다. 이때 이론물리학자들이 사용하는 도구가 바로 수학, 측량, 사고실험, 그리고 인내심이다. 많은 사람들이 물리학에 흥미를 잃거나 더욱 안 좋게는 자신이 물리학이나 수학에 재능이 없다고 생각한다. 스스로에게 시간을 많이 주지 못했기 때문이다. 이 학문에서는 인내심과 끈기가 가장 중요하다. 나는 유명한 분자물리학자이자 복잡계 과학자이며 미국 뉴멕시코에 있는 산타페 연구소$^{Santa\ Fe\ Institute}$의 전 소장인 제프리 웨스트$^{Geoffrey\ West}$를 만나 한 가지 모델에 관해 설명한 적이 있다. 대화의 물꼬가 트기 시작했을 때 웨스트는 나에게 자신이 아주 느리게 생각하는 사람이니 부디 설명을 한 단계씩 천천히 해달라고 부탁했다. 이론물리학 분야 사람들은 어떠한 대가를 치르더라도 대상을 이해하고 싶어 한다. 그것이 의미 있는 일인지 묻는 것은 금기시한다.

물리학 분야만큼 이론과 실험이 같은 눈높이에서 탱고를 추듯 움직이는 학문 분야는 없다. 알베르트 아인슈타인은 상대성 이론으로 인간이 시공간 연속체에서 퍼지는 파동인 중력파를 관찰하게 될 것이라고 예측했다. 이것은 당시에는 기술이 부족해 증명할 수 없는 것이었다. 예측 후 100년이 지난 2015년에야 처음으로 중력파가 지구에서 감지되었다. 오늘날 다른 대부분의 학술 분야에서는 이론이 그리 중요한 역할을 차지하지 않는다. 물론 늘 그랬던 것은 아니다. 전 세계에 큰 영향을 미친 과학자인 찰스 다윈^{Charles Robert Darwin}을 생각해 보자. 그는 오랜 시간 동안 세계 여행을 하며 자연을 관찰하고 진화론을 주장했다. 진화론이 이론물리학 분야에서 으레 그렇듯 정밀한 수학 공식으로 먼저 정리된 것은 아니지만, 진화론의 사고 구조는 '물리학적인' 이론이라고 볼 수 있다. 이론물리학처럼 근본을 탐구하고 간단한 법칙으로 변화를 설명한 것이기 때문이다. 물리학 이론은 무엇보다도 변화, 동력, 우리 주변에서 일어나는 모든 움직임을 포괄한다. 움직임이란 아주 난해한 것이다. 어쩔 때는 '이런' 움직임이 발생하고 어쩔 때는 '저런' 움직임이 발생하기 때문이다. 여러분도 곰곰이 생각해 보면 무슨 말인지 이해할 수 있을 것이다.

물리학 분야에서는 도구로 쓰이는 수학과 수학적으로 추상적인 모델의 구성 외에도 일찍부터 무시하는 기술을 배울 수 있다. 복잡계 과학에서도 중요한 기술이다. 물리학에서 어떤 체계를 연구하다 보면 사건에 영향을 미칠 정도로 작용하는 여러 힘을 다루어야 하는데, 이때 그 힘을 측정하고 영향력을 짐작한 다음

사소하거나 작은 영향은 무시한다. 복잡계 과학자들은 다른 분야에서도 바로 이런 기술을 사용한다.

수학과 모델

수학은 이론물리학과 떼려야 뗄 수 없는 사이이다. 과거의 위대한 이론물리학자들을 보면 이론물리학자인 동시에 수학자인 경우가 적지 않다. 오늘날에도 마찬가지다. 이때 우리가 간과하는 사실이 있다. 뉴턴이 살던 시대, 그리고 그보다 100년 이른 시대에 수학은 다른 학문 분야에서 훨씬 더 자주 적용되었고 '도구'로 사용되었다. 대문호 괴테^{Johann Wolfgang von Goethe} 또한 수학에 일가견이 있었다. 바흐^{Johann Sebastian Bach}에게 수학적 지식이 있었다는 사실은 그가 작곡한 곡을 보면 알 수 있다. 모든 시대를 통틀어 위대한 수학자 중 한 명으로 꼽히는 카를 프리드리히 가우스^{Carl Friedrich Gauss}는 젊었을 때 어문학을 전공하려고 했고, 여러 언어를 유창하게 구사했으며 수학뿐만 아니라 언어학 및 문학에도 관심이 있었다. 나중에 오일러의 수*로 유명해진 레온하르트 오일러^{Leonhard}

---

* 자연로그의 밑이 되는 자연상수 e를 오일러의 수라 하며 e=2.71828⋯의 값을 가지는 무리수이다.

Euler는 음악 이론을 공부했다. 17세기 말에는 아이작 뉴턴과 고트 프리트 라이프니츠Gottfried Wilhelm von Leibniz가 서로 독립적으로 미분학을 만들어냈는데, 이것은 모든 과학 분야에 혁명을 일으킨 수학의 한 분야다. 얼마 지나지 않아 스위스의 수학자 다니엘 베르누이Daniel Bernoulli가 미분학을 실제로 응용했는데, 물리학이 아닌 전염병학 분야에서 일어난 일이었다. 그가 살던 시대에는 천연두 접종이 과학 분야의 뜨거운 감자였다. 접종에 찬성하는 사람과 반대하는 사람들이 격렬한 논쟁을 벌였다. 베르누이는 접종에 관한 질문에 모델을 기반으로 한 답변을 내놓기 위해 도표를 보고 간단한 수학적 모델을 개발했다.[4] 스코틀랜드 출신의 군의관이던 앤더슨 맥켄드릭Anderson Grey McKendrick은 1920년대에 전염병에 관한 수학적 모델을 개발했는데, 그 핵심 내용은 오늘날까지도 사용되고 있다.[5] 수학적인 모델이나 공식, 방정식 등은 '뭔가를 계산하기 위해' 혹은 더 정밀한 답을 내리기 위해 사용하는 도구라고 생각하는 사람이 많다. 이것은 절반만 사실이다. 수학을 사용할 때의 근본적인 의의는 생각을 정리하고 더 정확하게 표현하고 해답을 찾아가는 과정을 간략화하고 불필요한 것과 추상적인 것을 처리하는 과정을 간단하게 만드는 데 있다.

코로나19 팬데믹이 진행됨에 따라 각기 다른 여러 수학적 모델이 공개적으로 논의되었다. 모든 자세한 사항을 입력해 가능한 정확한 예측이 가능하도록 만드는 복잡한 수학적 컴퓨터 모델도 있었다. 우리가 이미 메커니즘과 핵심을 이해했고 필요한 방정식과 규칙까지 알고 있지만, 종이와 연필만으로는 풀 수 없는 현상을 위한 모델이다. 하지만 아직 이해하지 못한 현상의 경우, 우리는 우선 그 수수께끼부터 풀어야 한다. 어떤 요소가 근본적이고 어떤 것들이 부수적인지 모르기 때문이다. 그리고 그것을 찾는 데 도움이 되는 도구가 바로 수학 모델이다.

오늘날 복잡계 과학이 중요한 이유

학문을 지형으로 비유하자면 지역 간의 경계선이 없고 서로 줄줄이 이어선 풍경을 떠올릴 수 있다. 각 주가 모여 연방을 구성한 독일 같은 국가 형태와 마찬가지로 자연과학, 정신과학, 정치학 등의 전문 분야가 최소 행정 구역 단위를 이루고, 전체적인 학문을 구성하는 것이다. 그중 자연과학은 다시 물리학, 화학, 생물학, 생태학, 지리학 등 수많은 작은 단위로 나뉜다. 대학의 교수직은 이따금 지나치게 전문화되어 있어서, 연구 주제가 제한된다고 느끼는 교수들도 있다. 이런 식의 발전 방향은 서로 다른 분야에서 점점 더 많은 지식을 축적하고, 작은 범위 내에서조차 연구의 현재 상태를 조망하는 것이 거의 불가능하다고 여겨질 때에 한해서는 논리적이다. 오스트리아의 동물학자인 콘라트 로렌츠Konrad Lorenz는 "전문가들은 더 적은 것들에 대해 더 많이 아는 사람들이다 보니 더 좁은 분야를 자세하게 안다."고 말했다. 그러니 학생들이 너무 일찍부터 전공을 결정할수록 다른 학문 분야를 접할 시간은 줄어든다. 사람들이 저마다 자신의 전공 분야에만 몰두하는 것은 일종의 학술적 편협성이라고 할 수 있는데, 학술적으로 편협해져서는 복잡한 현상을 이해할 수 없다.

코로나19 팬데믹 예시로 다시 돌아가자. 이 현상을 바이러스학과 전염병학 분야의 전문 지식 및 방법과 따로 떼어놓고 이해할 수는 없다. 이 현상 안에서는 또한 심리학과 사회적 이동성 연결망, 사람 사이의 연결망, 인간의 행동, 정치적 역학 등 모든 것이 톱니바퀴처럼 맞물려 있다. 그렇기 때문에 각 분야의 전문가들이 모여서 서로의 지식을 교환하고 어떤 사실을 고려해야 하는지 근거를 들고, 어떤 요소가 어떤 영향을 미치는지 설명하는 편이 좋고, 서로의 이야기를 귀 기울여 들어야 한다고 생각하기 쉽다. 이것은 원칙적으로는 도움이 되는 행동이지만 가끔은 한자리에 모인 전문가들이 각자 '자기만 알아들을 수 있는 언어', 즉 전문용어로 말하고 자신만의 방식으로 생각하기 때문에 다른 학문을 전혀 혹은 거의 이해하지 못한다는 문제가 발생한다. 독일에서 10명가량의 교수들과 복잡하고 여러 학문 분야를 뛰어넘는 주제로 토론을 한 적이 있다면 말을 하는 사람만 있고 듣는 사람은 없는 상황이 자주 벌어진다는 사실을 잘 알 것이다. 사람은 배우기보다 가르치는 걸 더 좋아한다. 한편으로는 지식만이 아니라 관점과 사고방식을 나누기 위해 의사소통을 한다. 이때 세계관이 충돌하기도 하고, 다른 사람으로부터 주목을 받은 학자는 자신이 속한 작은 분야의 지식이 특별히 '위대하고' '중요한' 것이라고 생각할 수 있다. 이런 태도로 복잡한 현상을 관찰하면 현

각기 다른 분야의 전문가들이 보는 것.

실이 왜곡될 수 있다. 간단한 예시를 소개한다. 사진작가, 조향사, 정치인에게 똑같은 인물의 얼굴 스케치를 각각 보여준다면 이들은 모두 자신의 직업에 따라 전혀 다른 요소에 중점을 두고 대상을 관찰할 것이다. 우리는 저마다 관심을 두고 있는 분야가 다르기 때문에 자연스럽게 대상을 내가 보고 싶은 대로 본다.

이런 왜곡이 발생하지 않게 하려면 각 분야의 전문가들이 다른 분야에서도 연구를 해보고 다른 사람들의 관점을 받아들이는 것이 매우 중요하다.

독일에서는 특히 자연과학과 정신과학 사이의 골이 아주 깊다. 두 분야 사이에서는 의사소통이나 이동이 잘 발생하지 않는다. 애초에 의사소통에 나서는 사람이 적고 타인이 이해할 수 있는 '언어'로 말하는 사람이 적으니 서로 이해하거나 이해받기가 어렵다. 한쪽 분야에서 획기적인 발견이 이루어지더라도 다른 분야에서 그것을 이해하지 못하니 서로 영감을 주고받을 수 없다.

다행히 느린 속도이기는 하지만 작은 혁명이 일어나고 있다. 점점 더 많은 과학자들이 자연과학과 사회과학을 연결하고 서로 전혀 다른 현상에서부터 양쪽 분야 공통으로 근본적인 메커니즘과 보편적인 법칙을 끄집어내고 있다. 무엇보다도 복잡계 과학 덕분에 이런 현상이 촉진됐으며 한계나 경계선, 고정관념 또한 흐릿해졌다. 복잡계 과학이 중요한 이유다. 복잡계 과학은 다리를 놓는다.

요즘에는 세계적으로 고정된 학문을 거부하는 접근법이나 복잡성 이론의 철학을 따르고 전통적인 학문을 연결하는 데 집중하는 연구소가 늘었다. 미국 뉴멕시코에 있는 명성 높은 산타페 연구소에서는 수많은 과학자들이 생태학과 경제학, 자연의 진화 과정과 언어학, 동물의 갈등 연구와 집단행동 사이의 연관성을 찾고 있다. 나는 시카고에 있는 노스웨스턴 대학교 복잡계 연구소$^{Northwestern\ Institute\ on\ Complex\ Systems}$에서 일하며 정치학자, 사회학자, 언어학자들과 함께 다양한 프로젝트를 진행했다. 이탈리아 토리노에는 과학 교류를 위한 연구소$^{Institute\ for\ Scientific\ Interchange}$가 설립되었다. 이곳에서 과학자들은 디지털 전염병, 연결망, 뇌 등을 연구한다. 오스트리아 빈에 있는 복잡성 과학 허브$^{Complexity\ Science\ Hub}$의 주요 연구 주제는 건강, 암호화 금융, 도시과학, 경제물리학 및 이 학문들의 연결이다. 복잡성은 우리 곁으로 오고 있는 중이다(독일은 이미 조금 늦었다). 하지만 아직까지 이 아이디어를 내면화한 사람은 많지 않다. 학과를 뛰어넘는 생각은 아직 그리 널리 알려지지 않았다. 아마 문화적인 이유 때문일 것이다. 이 나라에 사는 우리의 머릿속에 아직 너무 많은 한계와 경계선이 있어서 우리가 공통점보다는 차이점에 더 주목하는지도 모른다. 이런 현상은 곧 바뀔 것이다. 그러기를 바란다.

— 2장 —

조화

**메트로놈 5개, 널빤지 1개, 음료캔 2개와
유능한 증권 중개인 사이의 공통점**

"어떤 이유 때문인지 우리는 동시성을 가지려고 한다."

— 스티븐 스트로가츠 Steven Strogatz, 세계적인 수학자

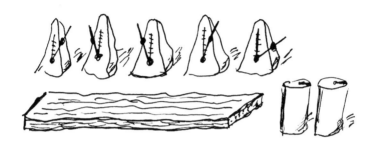

런던의 2000년 6월 10일은 특별했다. 2년 동안 공사 중이던 밀레니엄브리지가 두 달간 공사가 연장된 후에 드디어 개통한 것이다. 약 325미터 길이의 인도교인 이 다리는 템스강 위를 남북으로 지나며 런던 남부와 중심가를 연결하고 북쪽의 세인트폴 대성당과 남쪽의 테이트 현대미술관을 잇는다. 밀레니엄브리지는 새천년으로의 전환을 맞이해 만들어진 건축학적 위신이 높은 다리로, 세계적으로 이름난 영국의 건축가이자 독일 국회의사당의 유리 세공을 담당하기도 한 노먼 포스터^{Norman Foster}, 유명 조각가인 앤서니 카로^{Anthony Caro}, 그리고 명성 있는 엔지니어링 회사인 에이럽^{Arup}이 합작한 작품이다. 이 프로젝트를 담당한 사람 및 기업 중 초심자는 없었다. 이 현수교가 설계됐을 때, 높은 교각 위에 달린 케이블이 일반적인 다른 교량처럼 수직으로 높여져 있지 않고 수평으로 놓여 있었다. 알다시피 현수교는 케이블에 상판을 매어다는 형태의 다리다. 노먼 포스터는 어린 시절 푹 빠져 있던 SF 만화 『플래시 고든Flesh Gordon』의 주인공이 레이저 검을 이용해 협곡을 건넌 장면에서 영감을 얻어 '레이저 검'처럼 생긴 다리를 만들고자 했다. 밀레니엄브리지는 보행자 5,000명이 동시에 건너도 무게를 지탱할 수 있는 다리다. 개통식은 아주 떠들썩하고 성대하게 치러졌다. 6월 10일 개통식을 보러 온 런던 시민과 관광객 10만 명이 다리를 건넜다. 그런데 불과 이틀 뒤 다리는 다시 폐쇄됐다.

무슨 일이 벌어진 걸까? 수많은 보행자들이 개통과 동시에 다리를 건너면서, 이 구조물은 갑자기 대략 1초에 한 번씩이라는 동일한 리듬에 맞춰 좌우로 흔들렸다. 나중에 측량한 바에 따르면 그때 다리가 7센티미터씩 움직였다고 한다. 당시 다리를 동시에 건넌 보행자는 2,000명으로, 원래 다리가 감당할 수 있는 보행자의 수보다 훨씬 적은 수였다. 흔들린 것은 다리뿐만이 아니었다. 다리가 움직이자 모든 보행자들이 깜짝 놀라 넘어지지 않으려고 비틀거리며 천천히 발맞춰 걸어야 했다. 이 일을 직접 겪은 사람들은 나중에 인터뷰에서 흔들리는 다리 위에서 중심을 잡기가 매우 어려웠다고 말했다. 설계자는 수많은 사람들이 한꺼번에 발을 맞춰 다리를 건너기 어려우리라는 사실을 알았을 것이다. 진동이 발생해 다리가 흔들릴 것이 분명했기 때문이다. 그런데 왜 그 일이 실제로 일어났을까? 심지어 그 많은 보행자들이 실제로 발걸음을 똑같이 맞춰 걷지도 않았는데! 그러나 처음에는 각자 걷던 사람들의 걸음이 다리가 흔들리기 시작하자 똑같이 맞춰졌다.

6월 10일에 그 광경을 목격한 사람들이 본 것이 바로 '자발적 동기화Spontaneous synchronization' 현상이다. 혼돈스럽게 뒤섞여 있던 움직임이 갑자기, 아무런 외압이나 정리정돈 없이 동기화한 움직임으로 변하는 것이다. 현실성이 없는 사건들이 우연히 연쇄적으로 일어나며 동기화하는 것이 아니라 필연적으로 동기화한다. 네덜란드의 과학자인 크리스티안 하위헌스Christiaan Huygens는 부친에게 보내는 편지에 이렇게 뜬금없이 역학적인 질서가 발생하는 현상이 매우 수수께끼 같아 보인다고 썼다. 그 편지는 자발적 동기화를 관찰한 내용을 기록한 첫 번째 보고서다. 하위헌스는 당대 유럽에서 박식하기로 소문난 과학자 중 한 명이었다. 그는 수학자이자 물리학자, 천문학자였고 뛰어난 망원경을 만들어 토성의 위성인 타이탄을 발견했으며 빛이 파동의 성질을 띤다고 주장했다. 즉, 그는 천재였다. 하위헌스는 시간 측정에도 관심이 많아서 시계 제작자인 살로몬 코스터^{Salomon Coster}와 함께 최초의 추시계를 만들었다. 이 시계는 하루 동안 오차가 10초 정도로 매우 정밀한 수준이었는데, 1600년대인 당시로서는 상상도 하지 못할 정확도였다. 정확한 시계를 만들면 경도를 더 잘 읽을 수 있기 때문에 항해에 큰 도움이 되었다. 하위헌스는 자신이 만든 추시계의 특허를 출원했다. 앞서 언급한 그가 아버지에게 쓴 편지[1]에는 다음과 같은 내용이 있다.

"며칠 전에는 일부러 침대 위에 더 오래 누워서 제가 만든 새 추시계 2개를 관찰했어요. 누구도 상상하지 못했을 신기한 현상을 보았죠. 두 시계는 침대에서 두세 걸음 정도 떨어진 벽에 걸려 있었고 각 시계의 추는 아주 정확하게, 한 치의 오차도 없이 같은 박자로 움직이고 있었어요. 저는 두 추가 서로 교감하는 것 같다고 생각했어요. 두 추의 동일한 움직임을 방해하고 추가 각기 다르게 움직이도록 설정하더라도 30분만 지나면 다시 똑같은 박자로 움직였거든요."

하위헌스는 이 마법과 같은 효과에 매료되어 도대체 어떤 조건 때문에 자발적인 동기화가 발생하는지 연구했다. 그 결과 두 시계의 거리를 멀리 떨어뜨려 벽에 걸어두면 동기화가 발생하지

크리스티안 하위헌스가 진행한 추시계 의자 실험.

않았다. 의자 2개를 세워 두고 그 위에 각목을 얹은 다음 각목에 두 시계를 걸어 두자 동기화가 발생했다.

이 흥미로운 과정을 두 눈으로 직접 보고 싶은 사람이 있다면 메트로놈 몇 개, 길이가 50센티미터 정도인 얇은 널빤지 하나, 빈 음료수 캔만으로 실험을 진행할 수 있다. 음료수 캔 2개를 책상에 눕힌 다음 그 위에 널빤지를 올리고, 널빤지 위에 10센티미터 정도 간격을 두고 메트로놈을 늘어놓는다. 메트로놈의 분당 박자 수를 비슷하게 조절한다. 그런 다음 메트로놈을 작동시킨다. 처음에는 메트로놈의 추가 제각각으로 움직일 것이다. 그런데 몇 분이 지나면 모든 추가 같은 박자로 움직인다. 음료수 캔 위에 있던 널빤지를 조심스럽게 들어 올려 책상 위에 두면 얼마 후 메트로놈이 다시 제각기 다른 박자로 움직이기 시작한다. 이

집에서 할 수 있는 동기화 실험.

때 널빤지를 다시 음료수 캔 위로 올리면 마치 보이지 않는 손이 조절한 듯 추가 같은 박자로 움직인다. 직접 실험하기 어렵다면 인터넷에서 '메트로놈 동기화' 등으로 검색해 동영상을 찾아보라. 여러 영상을 통해 이것이 실제로 일어나는 일임을 알 수 있을 것이다.

앞서 언급한 세 가지 예시—흔들리는 밀레니엄브리지와 보행자들, 하위헌스의 추시계, 그리고 메트로놈—는 동일한 메커니즘을 따른다. 우선 밀레니엄브리지의 예시를 설명하겠다. 보행자들이 각기 다른 걸음으로 다리 위를 건너가는 동안에도 다리는 우연히 한쪽 혹은 여러 방향으로 몇 센티미터 정도 움직인다. 바람이나 보행자들의 발걸음으로 인한 충격 등 외부적인 영향이 있는 데다 모든 건축물은 조금씩 움직이기 때문이다. 이렇게 작은 움직임은 감지하기 어렵지만, 이 감지하기 어려운 움직임 때문에 각 보행자의 걸음이 조금씩 변했다. 보행자들은 인식조차 못했지만 그들의 각기 다른 보행 리듬이 조금씩 동기화하기 시작했다. 흔들리는 다리 위에서 균형을 잡으려고 무의식적으로 몸을 움직였기 때문이다. 그런데 많은 사람이 비슷한 박자로 걸음을 옮기기 시작하자 다리의 떨림이 더욱 심해졌고, 이에 따라 보행자들의 걸음 또한 더욱 동기화했다. 이런 피드백 과정이 더욱 강해져서 다리는 크게 흔들렸고 모든 사람이 똑같은 걸음으로 움직이게 되었다. 불안정한 널빤지 위에 놓인 메트로놈에는 널빤지의 수평 이동에 따른 작은 힘이 조금씩 가해졌다. 그래서 메트로놈의 박자가 조금씩 바뀌었고, 이는 벽에 걸린 추시계에 적용된 메커니즘과 마찬가지다.

눈덧신토끼, 스라소니, 반딧불이, 그리고 매미

이런 현상은 과연 자연에서, 그리고 인간의 행동에서 얼마나 자주 나타날까? 이 질문에 답하기 전에 동기화가 시작하려면 어떤 조건이 필요한지 알아야 한다. 우선 진동하는, 고유한 리듬에 맞춰 흔들리며 한 동작 혹은 여러 동작을 스스로 반복할 수 있는 물체가 필요하다. 자연에는 늘 리듬과 진동이 있으므로 이런 물체를 찾기가 어렵지 않다. 예를 들어 지구는 태양의 주위를 돌고,

달은 지구의 주위를 돌며, 동시에 지구는 자전하기도 한다. 태양은 보통 11년 정도의 흑점 주기를 보인다. 동식물은 낮과 밤이라는 하루의 주기에 적응해 생활한다. 그런데 생물학적 유기체의 생체리듬(일주기리듬)은 오로지 외부적인 자극에 의해서만 정해지는 것이 아니다. 대부분의 동물과 여러 단세포 생물은 낮과 밤의 리듬에 맞는 생체 시계를 갖고 있다. 생체 시계의 영향을 가장 강하게 느낄 수 있는 것이 바로 비행기를 타고 이동했을 때 겪는 시차증이다. 생체 시계가 다른 시간대에 적응하는 데는 대개 며칠이 걸린다. 외부적인 영향을 차단한 공간에서 동물을 데리고 실험한 결과, 외부적 자극이 없어도 동물들은 생체 시계의 리듬에 따라 하루를 보냈다.

진동은 생태계 전체에서도 관찰된다. 가장 뚜렷한 예시가 바로 캐나다 북부의 포식자-피식자 사이클Predator-Prey System이다. 캐나다 북부에는 스라소니와 스라소니의 주요 먹잇감인 눈덧신토끼가 산다. 1845년부터 1935년까지 관찰한 결과, 이 두 동물종의 개체 수는 대략 10년 주기로 변화했다.[2] 이 사실을 깨달은 생태학자와 생물학자들은 흥분했다. 두 동물종의 개체 수가 어떻게 규칙적인 리듬에 따라 변화한 것일까?

1925년과 1926년에 오스트리아 출신의 미국인 화학자이자 보험수학자인 앨프리드 로트카Alfred Lotka와 이탈리아의 수학자이자

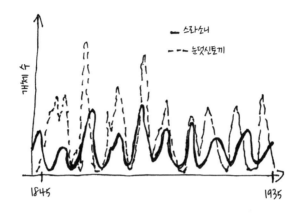

90년 이상 관찰한 캐나다 북부 스라소니와 눈덧신토끼의 개체 수 변화.

물리학자인 비토 볼테라^{Vito Volterra}가 스라소니와 눈덧신토끼의 개체 수 변화 및 오랜 시간에 걸쳐 나타나는 이런 진동이 생태학적인 시스템에서는 자주 눈에 띈다는 사실을 보여주는 간단한 수학적 모델을 개발했다. 로트카–볼테라 모델^{Lotka-Volterra model}이라고 불리는 이것은 오늘날까지도 이론생태학 분야의 수많은 수학적 모델의 기반으로 사용되고 있다.

스라소니와 토끼의 개체 수가 규칙적인 주기로 변화하는 이유는 사실 다음과 같다. 만약 스라소니의 개체 수가 적다면 토끼가 많이 잡아먹히지 않으니 토끼의 개체 수가 늘어난다. 천적이 사라지니 개체 수가 조절되지 않는 것이다. 그러다가 토끼의 개체 수가 너무 많아지면 스라소니의 번식이 늘어난다. 먹잇감을 충분히 확보한 스라소니의 개체 수가 늘어나면 이번에는 토끼의 개체 수가 줄어든다. 그러다 보면 먹잇감의 수는 부족한데 스라소니의 수는 늘어 경쟁자가 많아지므로 자연히 다시 스라소니의 개체 수가 줄어든다. 이 과정이 매 10년마다 되풀이되는 것이다. 기계론적으로는 이런 과정을 활성제-억제제 시스템Activator-Inhibitor System이라고 부른다. 토끼와 스라소니의 예시에서 토끼는 활성제다. 먹잇감으로서 스라소니의 번식에 도움이 되기 때문이다. 스라소니는 억제제다. 토끼의 개체 수가 늘어나는 것을 막기 때문이다.

스라소니와 토끼 사이의 포식자-피식자 사이클에서 발견되는

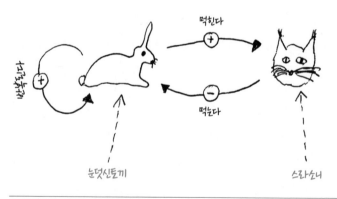

캐나다 북부에 사는 스라소니와 눈덧신토끼의 개체 수 사이의 리듬은 도식적으로 볼 때 활성제-억제제 시스템으로 이해할 수 있다.

진동은 100킬로미터 이상 떨어진 곳에서도 관찰되므로 지리학적으로도 동기화 현상이 일어난다고 볼 수 있다. 사고실험을 한 가지 진행해 보자. 스라소니와 토끼가 사는 전체 영역을 각 동물이 어느 정도씩 살고 있는 작은 영역 여러 개로 나눈다. 처음에는 각 지역의 개체 수가 다른 지역의 개체 수와는 독립적으로 변화를 일으키는 모습을 관찰할 수 있을 것이다. 그러나 곧 동기화가 발생하는데, 토끼와 스라소니가 이웃한 지역까지 이동할 수 있기 때문이다. 각 지역의 진동이 공유되며 동기화가 발생하는 셈이다.

유럽을 예로 들자면 인간이 큰 도로를 건설하고 땅을 개간하면서 자연의 수많은 서식지가 분리되었다. 생태학적인 관점에서 이런 분열은 아주 심각한 문제다. 분열된 서식지 중 한 곳에서 어떤 동물종이 모두 사라져 버리면 다른 서식지에서 해당 동물종이 이주해 올 가능성도 낮아지기 때문이다. 종족 보존을 위해 서식지를 이주하는 현상을 '구조 효과Rescue effect'라고 한다. 구조 효과는 생태계 안정화에 아주 중요한 역할을 하는 요소다. 그래서 최근에는 야생동물들이 길을 건널 수 있도록 고속도로 중간에 육교나 이동 통로를 만들어 둔 곳이 많다. 분열된 서식지를 다시 잇기 위해서다. 그런데 인간이 자연의 서식지를 연결하려고 만든 구조물로 인해 역효과가 나타나기도 했다. 자연 상태에서 독립적인 서식지 두 곳은 멀리 떨어져 걸려 있는 벽시계처럼 아주 약하고 서로 연관이 없는 진동을 보인다. 그런 두 서식지를 서로 연결해서 동물들이 자유롭게 오갈 수 있도록 하면, 두 서식지 사이의 움직임이 동기화하고 더 강한 진동을 보인다. 이때 한 동물 종이 사라진다면 두 서식지 모두에서 그 동물을 볼 수 없을 것이다. 서식지를 연결함으로써 얻으려던 효과와는 정반대인 결과다.

한편, 또 다른 아름다운 동기화 예시는 말레이시아 슬랑오르에 있는 강의 합류점에서 찾을 수 있다. 비가 내리지 않는다면 일몰 후 이곳에서 아주 특별한 자연 경관을 경험할 수 있다. 배를 타고 강을 따라 이동하다 보면 물가의 경사면을 따라 우거진 숲에서 어느 순간 갑자기 수천 개의 불빛이 반짝인다. 아주 작은 녹색 불빛은 약 0.1초도 안 되는 시간 동안 켜졌다가 꺼지기를 반복하며 반짝인다. 30분을 더 기다리면 황홀한 광경이 펼쳐진다. 제각기 다른 박자로 반짝이던 수천 개의 불빛이 동기화하여 느리게 깜박이는 불빛처럼 보인다. 곧 1초에 약 3.7번 깜박이는 녹색 불빛이 온 숲을 채운다. 크리스마스용 꼬마전구가 사방에 장식된 것처럼 보이는 이 광경은 사실 생물학적인 것이다. 숲을 메운 나무의 잎 끝에는 말레이시아 반딧불이[Pteroptyx tener 3]가 붙어 있다. 반딧불이는 수컷이 빠른 속도로 빛을 반짝여 암컷을 유혹하는 습성이 있다. 모든 반딧불이의 생화학적인 메커니즘은 똑같

주기매미

반딧불이

곤충들 사이의 동기화

다. 배의 끝부분에 있는 발광기의 화학물질로 빛을 내는 것이다. 반딧불이의 발광기에서 벌어지는 생화학적인 반응 덕분에 녹색 불빛이 만들어진다. 물론 이것만으로는 말레이시아에서 수천 마리의 반딧불이 군집이 동시에 빛을 내뿜는 것처럼 보이는 현상을 설명하기 어렵다. 이것은 다른 동물종에게서는 관찰하기 어려운 동기화 현상인데, 이런 동기화 현상이 진화에 유리한지 여부도 알 수 없다.

반딧불이의 동기화 현상을 설명하는 여러 이론이 있다. 예를 들어 동기화한 빛의 반짝임이 포식자의 주의를 돌리거나 암컷을 유혹하는 데 더욱 탁월하다는 것이다. 어쩌면 빛을 내는 행동의 본질과 시스템 역학의 결과 때문인지도 모른다. 밀레니엄브리지를 건너던 보행자들처럼 반딧불이들도 서서히 동기화한 것을 보면 사람이든 동물이든 곤충이든 모두 자신의 리듬을 다른 개체의 리듬과 맞출 수 있고 똑같은 원칙에 따라 하나의 전체로서 기능할 수 있다. 이것은 필연적이고 견고한 현상이다. 반딧불이들의 동기화 상태는 다음 날 동이 틀 때까지 이어진다. 그리고 그날 저녁이면 모든 과정이 처음부터 다시 시작된다. 오직 그 광경을 실제로 보고 싶다는 일념으로 말레이시아 여행을 예약할 만하다.

또 다른 놀라운 예시가 바로 북미에 사는 주기매미[Species Magicicada 4]의 동기화한 행동이다. 이 매미는 땅속에서 13년 혹은 17년 동안 애벌레로 살다가 변태를 거쳐 매미가 되고, 짝짓기를 하고 알을 낳은 뒤 죽기 위해 땅 밖으로 나온다. 북미에 사는 주기매미는 13년 혹은 17년 주기로 이 행동을 반복한다. 오로지 13년 혹은 17년 둘 중 하나다. 북미의 매미 중 다른 주기에 따라 생애를 반복하는 매미는 없다. 매미의 동기화한 생존 전략은 사실 아주 간단하다. 1년에 한 번 다수의 매미가 부화하면 그중 아무리 많은 수가 새와 같은 천적에게 잡아먹히더라도 나머지 매미들이 번식할 수 있다. 그런데 왜 다른 주기가 아니라 13년 혹은 17년 주기일까? 어차피 같은 종의 매미가 대량으로 탄생하는 과정인데 왜 주기가 13년 혹은 17년이어야 할까? 전문가들은 이렇게 말한다. 13년 혹은 17년 주기로 부화해야 13년 주기로 사는 매미와 17년 주기로 사는 매미가 같은 해에 부화할 일이 줄어든다. 그런 일은 매 221년마다 한 번 벌어질 뿐이다. 만약 두 매미 중 하나가 천적에 잡아먹혀 멸종했다고 치자. 그렇다고 하더라도 몇 년 후에 깨어날, 다른 주기로 사는 매미가 다시 번식할 기회를 가질 수 있다.

북미의 주기매미는 동기화라는 측면 이외에도 특이한 점이 있다. 이 매미들이 땅 밖으로 나와 짝을 찾는 해에는 북미의 수많은 나무에 다닥다닥 붙어 리듬에 맞춰 맴맴 울고 있는 매미 떼를 볼 수 있다. 수컷 반딧불이가 박자를 맞춰 빛을 내듯이 매미의 울음소리를 관찰하면 어느 순간 수많은 매미가 마치 조율을 마친 악기처럼 동기화한 울음소리를 낸다.

인간

동기화의 메커니즘은 이처럼 매우 견고하며 자연현상의 역학에 깊이 뿌리내리고 있어 생물계 어디서나 관찰할 수 있다. 우리 인간 또한 동기화 없이는 살지 못한다. 예를 들어 모든 포유동물의 심장은 재빠른 동기화 과정을 통해 기능한다. 인간의 심장은 일생 동안 대략 20억 회 뛴다.

심장이 뛰는 매 순간마다 심장 조직을 통해 전기적인 충격이 전해지는데, 이 충격에 맞춰 심근 수축이 일어나 펌프 작용을 하며 혈액을 온몸에 공급한다. 그런데 이 충격은 어디에서 발생하는 것일까? 심장에 있는 아주 작은 부분인 동방림프절 안에는 매우 독특한 심근세포 약 1만 개가량이 있다. 바로 이 심근세포가 심장박동을 만들어낸다. 심근세포는 신경세포와 마찬가지로 주변에 전기적 충격을 전달한다. 이 전기적 충격이 심장의 근육을 수축하는데, 이 충격이 동시에 '발사'되어야 그 신호가 동기화하여 심장 근육을 따라 전달될 수 있다. 여기서도 이 과정이 평생 동안 되풀이될 수 있다는 동기화의 근본 법칙을 확인할 수 있다. 그러나 우리가 이미 익히 알다시피 이 과정에서 사고가 발생할 수 있다. 심방세동이 발생하면 심장의 근육이 조화롭게 혹은 동시에 움직이지 못하고, 전체적으로 수축하지 못해서 펌프 작용이 원활하게 이루어지지 않는다. 심방세동이 심할 경우에는 전기 충격을 가해 원래의 심장박동 리듬을 되돌리는 시술을 할 수 있다.

동기화가 필연적인 과정이라는 사실은 동기화로 인한 단점이 드러나는 상황에서도 잘 알 수 있다. 인간의 뇌는 약 1,000억 개의 신경세포가 서로 연결된 형태다. 뇌의 수많은 신경세포는 서로 전기신호를 나누며 소통하고, 감각적 인상이나 생각을 만들어낸다. 뇌의 전기 활동은 대개 비동시적인 것이어서 우리 뇌는 모든 세포를 동시에 활성화하지 않고도 여러 정보를 병행해서

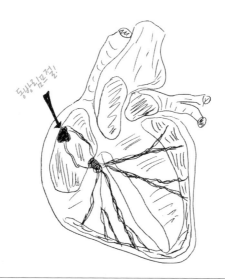

동방림프절

심근 수축은 동방림프절에서 발생하는 전기적 충격에 의해 발생한다.

처리할 수 있다. 뇌의 여러 부위에서 서로를 자극하거나 방해하는 신경세포 사이는 아주 조화롭고 안정적이다. 그런데 이런 평화로운 균형이 깨지고, 마구잡이로 변한 신호가 동기화가 필요한 긍정적인 자극 신호보다 많아지는 일이 벌어질 수 있다. 바로 간질 발작이 발생했을 때 나타나는 현상이다. 갑자기 수많은 신경세포가 동시에 같은 박자로 전기신호를 내보내기 시작하면 뇌는 이를 감당하지 못하고, 그 결과 간질 발작 증상이 나타난다.

사람 사이의 동기화

일상 속에서 우리는 사람 사이의 동기화를 체험한다. 예를 들어 콘서트가 끝나면 관객들은 마치 약속이라도 한 듯 박수를 쳐서 공연자에게 감사를 표한다. 멋진 연주가 끝나면 처음에는 불규칙하게 터져 나오던 박수 소리가 어느 순간 하나가 된 것처럼 울려 퍼진다. 박수 소리는 곧 눈 깜짝할 사이에 다시 불규칙한 소리로 바뀐다. 관객들이 계속 박수를 치는 동안 이 과정이 몇 번이고 반복되기도 한다. 앞서 언급한 여러 예시와는 달리 박수 소리는 순식간에 동기화하지만 동기화 상태로 오래 유지되지는 않는다.

루마니아의 이론 물리학자인 졸탄 네다^{Zoltán Néda}와 동료 연구진은 이 현상을 더 자세히 연구하고자 전 세계의 다양한 공연장에서 박수 소리를 측정했다.[5] 분석 결과에 따르면 박수 소리의 동기화가 진행될수록 박수의 빈도가 줄어들었다. 즉, 개개인이 같은 시간 동안 치는 박수의 수가 줄어들면서 동기화가 일어났다. 그렇다면 대중들이 동기화한 상태로 더 큰 박수 소리를 내려고 할 때는 동기화와 반대되는 효과가 일어날 것이다. 박수의 빈도가 낮으면 더 큰 소리가 나는 효과를 얻기 어렵기 때문이다. 박수 소리가 동기화되었을 때, 더 크게 호응하고 싶어진 대중들이 무의식적으로 박수를 더 빨리 치기 시작하면 동기화가 약해지고 곧 박수 소리는 불규칙해진다.

그런데 과연 동기화한 행동은 우리 인간에게 이익이 되는 행동일까? 노스웨스턴 대학교 복잡계 연구소의 과학자인 세르게이 사베르다Serguei Saavedra, 브라이언 우지Brian Uzzi, 그리고 캐슬린 해거티 Kathleen Hagerty가 그 의문을 파헤치기에 나섰다. 이들은 한 증권 중개 기관의 데이터를 살펴보았다.[6] 이 회사에서는 매일 증권 중개인 66명이 매우 높은 빈도로 주식을 사고판다. 각 중개인은 여러 세분 시장을 분석하고 서로 직접적으로 경쟁하지는 않지만 업무 내용과 실적 등을 기준으로 회사로부터 평가를 받는다. 연구진은 중개인 66명의 거래 현황을 오랜 기간 동안 기록했다. 중개인들은 효율적으로 경제적 이익을 얻기 위해 현재의 진행 상황을 자세히 알고 있어야 하고, 올바른 결정을 내리기 위해서는 수많은 뉴스와 소식을 분석해야만 한다. 이들은 내부적으로 촘촘하게 연결되어 있으며, 휴대전화나 컴퓨터에 있는 인스턴트 메신저를 이용해 쉴 새 없이 정보를 교환했다. 모든 중개인의 목표는 자본손실을 최소화하고 이익을 높이는 것이다. 그래서 새로운 정보를 얻었을 때는 딜레마에 빠질 수밖에 없다. 새로운 정보에 누구보다 빨리 반응하면 위험에 빠질 가능성도 높다. 얼음 위를 처음으로 걸어가는 사람이 될 테니 말이다. 그렇다고 너무 늦게 반응하면 빨리 반응한 사람들이 이미 득을 본 이후일 것이다. 이들의 사내 연결망을 살펴보니 개개인이 의사소통에 어떤 반응을 보이고 서로의 행동에 어떤 영향을 받는지를 잘 알 수 있었다. 이 것은 과학자들을 위한 정보다. 과학자들이 이런 정보를 분석해 실험 참가자가 내부적 그리고 외부적인 의사소통을 토대로 평균 이상으로 강력하게 동기화해 행동한다는 사실을 보여주었다. 즉, 중개인들은 서로 약속하지 않고도 주식을 거의 동시에 사고팔았다. 이 사실 한 가지만으로는 그리 놀랍지 않다. 이 연구 결과 중 가장 결정적인 부분은 동기화한 행동을 한 사람들이 동기화하지 않은 사람들에 비해 더 높은 이익을 얻었다는 사실이다.

전염병의 역학

전염병의 역학에서는 리듬과 동기화가 비슷하게 중요한 역할을 한다. 1984년에 수학적 전염병학자인 로이 앤더슨과 브라이언 그렌펠Bryan Grenfell, 그리고 로버트 메이는 영국 내에서 유행성 이하선염, 홍역, 백일해가 발생한 시간 순서를 연구했다.[7] 각 질병이 발생한 기간은 대개 수십 년에 이르며 질병을 예방할 백신이 전국적으로 보급되기 전까지 특히 어린이들 사이에서 유행했다. 연구 결과 홍역은 대개 2년 주기로 발생했고, 유행성 이하선염과

백일해는 3년 주기로 발생했다. 이 데이터를 기반으로 10년 동안 집계를 계속하여 추후에 다시 연구한 바에 따르면,[8] 홍역 발생 곡선이 전국 여러 지역에서 동기화하여 2년 주기로 나타났다. 연구진은 1968년에 홍역 백신을 도입한 이후 어떤 효과가 발생했을지 궁금했다. 백신을 도입한 초기에는 홍역 감염 수치가 평균으로 돌아갔다. 긍정적인 신호였다. 그런데 감염자의 수가 줄어들자 동기화 효과가 약해져서 2년 주기가 붕괴되었고, 어떤 때는 홍역 감염자의 수가 이전의 평균보다 높아지기도 했다. 백신 예방 접종률이 눈에 띄게 높아지고 나서야 홍역 감염자의 수가 다시 줄어들었다.

코로나19 팬데믹 기간 동안 감염자의 수가 폭발적으로 증가하자 그 수를 줄이기 위해 락다운 조치를 취한 국가가 적지 않다. 여러 정치인과 과학자들이 과연 길고 완화된 락다운과 짧고 강력한 락다운 중 어떤 것이 더 효과적일지 뜨겁게 토론했다. 서양 국가들은 코로나19 바이러스가 널리 퍼지는 것을 막기 위해 사람들 간의 접촉을 줄이는 조치를 취하는 데 총력을 기울였다.

감염자의 수가 증가하고 대유행이 다시 발생할 때마다 정치계가 (대개의 경우 너무 늦게) 반응을 보여 조치를 취했고, 사람들은 접촉을 줄였다. 그러면 바이러스가 퍼지지 않아 감염자의 수가 줄어들었다. 감염자의 수가 줄어들면 안심하고 방심한 사람들이

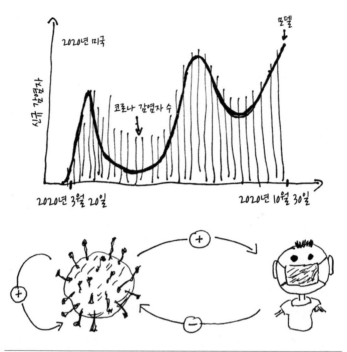

2020년 코로나19 팬데믹의 역학 또한 장기적으로는 활성제-억제제 시스템으로 해석될 수 있다.

락다운 조치를 완화했고 감염자의 수는 다시 늘어났다. 이 과정이 계속 되풀이되었다. 마치 요요처럼. 전 세계 많은 국가에서 발견된 첫 번째, 두 번째, 그리고 세 번째 대유행에 따른 감염자 수의 진동은 스라소니와 눈덧신토끼의 개체 수 변화에 따른 로트카-볼테라 모델과 정확히 일치하는 모양새다. 물리학자 벤저민 마이어Benjamin Maier는 간략한 모델을 만들어 많은 국가에서 여러 차례 융기와 침강을 보인 감염자 수 곡선을 쉽게 설명했다. 이 간단한 모델에 따르면 팬데믹은 강력하지만 짧고 무엇보다도 조화된 조치를 통해 안정세를 찾을 수 있다. 그러나 안타깝게도 독일에서는 국민들이 세 차례나 대유행을 겪는 동안 의사결정권자들이 이 사실을 깨닫지 못했다. 정치권은 언제나 너무 늦고 너무 느리게 반응했으며, 다른 나라와 국내의 상황을 잘못 비교했고, 근본적이고 중요한 메커니즘을 이해하지 못했으며, 대유행이라는 흐름의 역학이 간단한 활성제-억제제 시스템을 따른다는 사실 또한 깨닫지 못했다. 이 사실만 알았어도 여러 조치를 더욱 적확하게 시행할 수 있었을 것이다. 예를 들어 짧고 강력한 락다운 조치를 시행하는 편이 좋았을 것이다. 그랬다면 감염자의 수가 눈에 띄게 줄어들었을 것이다. 지역 내에서 감염자가 더 이상 발생하지 않았다면 동기화 효과 또한 줄어들었을 테고 이에 따라 동기화의 사슬도 끊어졌을 것이다.

동기화의 수학

앞서 언급한 다양한 분야의 동기화 예시는 동기화가 발생하는 수많은 시스템의 아주 작은 부분일 뿐이다. 그렇다면 과연 근본적인 규칙성이 있는지, 있다면 과연 어떤 것인지 의문이 든다. 다양한 시스템의 진동이 어떻게 동기화할 수 있을까? 이런 동기화 현상은 왜 대부분 필연적이고 강력해 보일까? 왜 이런 동기화는 대부분의 시스템에서 저절로 생겨나지만 일부 시스템에서는 왜 저절로 생겨나지 않을까?

1975년에 일본의 과학자 구라모토 요시키蔵本由紀가 간단한 수학적 모델을 제시했다. 이것은 그의 이름을 따 구라모토 모델Kuramoto model이라 불린다.[9] 구라모토는 오직 한 가지 동기화 현상을 묘사하는 공식을 만들려던 것이 아니었다. 그는 근본적이고 꼭 필요한 요소를 포함하며 모든 동기화 현상에 보편적으로 해당하는 지식을 알 수 있도록 해당 현상을 설명하는 모델을 개발하고자 했다. 그는 이것을 개념화해야 했다.

구라모토가 만든 모델에서 개별적인 진동은 '바늘이 하나인 시계'라는 추상적인 개념으로 묘사된다. 이 여러 '시계'는 각기 다른 시각을 가리킬 수 있다. 시계를 각각 따로 떨어뜨려 관찰하면 모든 바늘이 제각각의 속도로 움직인다. 과학계에서 사용하는 말로는 진동의 '시각'을 '위상Phase'이라고 할 수 있고, 바늘이 움직이는 속도는 위상 속도Phase velocity라고 할 수 있다. 각각의 진동자가 서로에게 반응해야 비로소 위상 속도 또한 서로 영향을 미치므로 바늘이 움직이는 속도가 느려지거나 빨라진다.

구라모토는 각 요소의 개별적인 위상 속도가 크게 차이 나지 않을 때, 그리고 그룹 내에 진동자가 충분히 있거나 그 상호작용의 강도가 충분히 클 때 동기화가 발생한다는 점을 증명할 수 있었다. 이 모델은 상당히 추상적이고 구조적으로도 단순했지만 실제로 발생하는 동기화 현상을 매우 정확하게 묘사했고 동기화의 조건을 예측했다. 구라모토 모델은 다음과 같은 중요한 관점을 제시했다. 대부분의 경우 결과가 '전부' 혹은 '전무'로 갈린다는 점이다. 진동이 완전히 동기화하든, 아니면 동기화했다가 다시 달라지든 상관없다. 모델에서 매개변수를 하나 바꿔도, 예를 들어 진동 사이의 연관성이 얼마나 강력한지를 바꾼다고 한들 당장 변화가 일어나지는 않는다. 그러다가 갑자기 결정적인 순간에 진동이 동기화한다. 여러 실제 시스템 내에서 관찰되었으며 수많은 실험을 통해 증명된 내용이다. 6장 집단행동에서 우리는 인간의 행동에도 이런 '전부냐, 전무냐' 현상이 나타난다는 점을 다시 알 수 있다. 구라모토 모델로 쉽게 설명할 수 있는 동기화된 상태의 필연성과 안정성, 그리고 구라모토 모델의 예측을 따르는 수많은 예시를 보면 진동하거나 흔들리는 요소들이 어떻게든 서로에게 영향을 미치는 자연적인 혹은 사회적인 과정에서 언젠가는 모두 똑같은 행동을 하고 또 해야만 한다는 점을 알 수 있다. 이것은 아주 중요한 통찰이다. 언젠가 모두가 똑같은 행동을 하고 또 해야만 한다면, 우리는 그 현상을 복잡하고 난해하게 다면적으로 설명할 필요가 없다. 그것이 대상의 본성이기 때문이다.

스티븐 스트로가츠, 대니얼 에이브람스Daniel Abrams, 앨런 맥로비Allan McRobie, 브루노 에크하르트Bruno Eckhardt, 에드워드 오트Edward Ott는 2005년에 구라모토 모델을 약간 변형해 밀레니엄브리지의 흔들림을 설명할 모델을 만들었다.[10] 이 모델에서는 각 보행자가 '진동자'다. 모든 사람들은 자신만의 박자, 즉 제각기 다른 걸음의 진동수를 갖고 있었다. 다리는 웬만해서는 움직이지 않으며 설사 움직이더라도 아주 천천히 진동하는 진자다. 과학자들이 컴퓨터 시뮬레이션으로 보행자의 수를 늘리자 같은 시간대에 다리 위에 머무는 사람의 수가 점점 많아졌다. 처음에는 아무 일도 일어나지 않았다. 그런데 보행자의 수가 결정적인 숫자를 넘어가자 모델 다리가 움직이기 시작했고 이에 따라 보행자들의 걸음걸이가 동기화했다. 보행자들이 같은 박자에 맞춰 움직이기 시작하자 다리의 진동은 더욱 강해졌다. 이 모델 또한 동기화가 다리 위를 건너는 사람들이 점점 많아지면서 서서히 발생하는 것이 아니라 갑자기, 한순간에 발생하는 것이라는 점을 보여준다. 바로 이런 현상이 밀레니엄브리지에서 관찰된 것이다. 4장 임계성에서 이 내용을 다시 살펴보도록 하겠다.

구라모토 모델과 여기서 파생된 다른 많은 공식이 성공적이었다고 해서 모든 동기화 현상에 수학적 법칙을 적용할 수 있다고 증명되는 것은 아니라며 이의를 제기하는 사람들이 있을지도 모르겠다. 이 모델은 그저 특정한 조건 아래서 동기화가 자동으로 발생할 수 있다고 예측할 뿐이다. 이 모델은 우리가 실제 시스템에서 찾을 수 있고 실험으로 증명 가능한 내용을 더 정확하게 조정해 설명한다. 메트로놈 실험을 반복해 소리의 박자를 아주 정밀하게 측정하면 동기화한 메트로놈 여러 대가 진동수가 같음에도 서로 다른 시간대에 '딱' 하는 소리를 낸다는 사실을 알게 된다. 이런 현상을 '위상 이동Phase shift'이라고 한다. 구라모토 모델은 이런 위상 이동이 어떻게 분배되는지, 각기 다른 시스템에서 실험을 통해 증명될 수 있는 것이 무엇인지를 정확하게 예측하는 도구다.

우리가 이를 통해 배울 수 있는 것은 무엇인가? 앞서 언급한 예시에서, 그리고 수학적 모델에서 더 자세히 알 수 있는 가장 중요한 지식은 동기화란 혼란스럽고 복잡한 것에서부터 총체적이고 격동적인 질서가 저절로 발생하는 근본적인 자연현상이라는 점이다. 동기화는 그것을 조절하려고 개입하는 존재 없이 저절로 발생한다. 또한 동기화는 비슷한 종류의 메커니즘 중 하나일 뿐이다. 앞으로 나올 장에서 다른 여러 원칙을 다루도록 하겠다.

반덧불이, 부정맥, 뇌전증, 코로나 팬데믹의 급증 등에서 발생하는 동기화가 사실은 간단한 수학적 법칙을 따르고 또 따라야만 한다는 사실은 자연현상 안에 숨은 사소한 마법이다. 여기까지 읽었는데도 동기화의 힘을 잘 모르겠다면 라디오를 켜고 흘러나오는 노래에 따라 춤을 춰보라. 단, 박자를 맞추지 않도록 노력하면서 말이다.

3장

복잡한 연결망

당신의 친구들이
당신보다 친구가 더 많은 이유

"모든 사람은 여섯 다리만 건너면 서로 연결될 수 있다.
우리와 이 지구상의 모든 타인의 사이에는 여섯 단계만 존재한다."

- 알베르트 라스즐로 바라바시Albert-László Barabási, 복잡계 네트워크 이론의 창시자

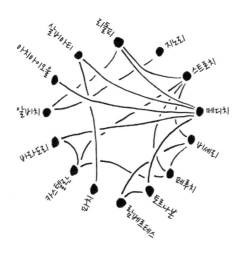

내 딸 한나와 릴리가 아직 어렸을 때, 우리는 때때로 인터넷 백과 사전 사이트인 위키피디아를 이용해 재미있는 게임을 했다. 웹 기반 문서가 대개 그렇듯 위키피디아의 내용도 하이퍼텍스트로 작성되어 있다. 그 말은, 기입된 내용 하나가 특정한 개념에 대한 정보만을 제시하는 것이 아니라 텍스트 내에 하이퍼링크를 포함 하고 있어 다른 검색어로 넘어갈 수 있는 통로도 제공한다는 뜻 이다. 위키피디아에서 독일의 지명인 '니더작센' 항목을 클릭하면 링크를 통해 '브라운슈바이크'나 '엘름' 같은 다른 지역 항목으로 넘어갈 수 있다. 이렇듯 위키피디아는 하이퍼링크로 이어진 거대한 정보 연결망이라고 할 수 있다. 네트워크 용어로는 서로 연결된 요소를 '노드Node'라고 하고 연결을 '링크Link'라고 한다. 두 노드가 서로 연결되어 있다면 '이웃'이다. 독일어권 위키피디아에는 노드가 대략 250만 개, 링크가 대략 2,600만 개 있다. 독일에서 위키피디아는 방문자 수가 가장 많은 인터넷 플랫폼 10위 안에 든다. 전 세계적으로는 방문자의 수가 가장 많은 인터넷 플랫폼 50위 내에서 유일하게 비상업적인 공간이다.

게임이 시작되면 우리는 서로 관련이 없어 보이는 주제 두 가지씩을 마음대로 고른다. 단, 두 주제가 위키피디아 항목으로 존재하는 것이어야 한다는 점이 유일한 조건이다. 예를 들어 '마녀의 냄비'와 '장내 세균총', '버락 오바마'와 '그물버섯', '구두 끈'과 '우주 왕복선' 같은 식이다. 이 게임의 목표는 네트워크 노드(즉 위키피디아 항목) 사이의 연결 고리(즉 링크 시퀀스)를 찾아 한 항목에서 다른 항목으로 넘어가는 것이다. 컴퓨터를 활용해 검색하면 '마녀의 냄비'와 '장내 세균총' 사이의 가장 짧은 연결 고리를 영점 몇 초 이내에 찾을 수 있다. 그것을 찾아주는 컴퓨터 프로그램만 있다면 생각보다는 어려울지 몰라도 간단한 방법으로 한 항목에서 다른 항목에 도달할 수 있다. '마녀의 냄비'를 예로 들어보자. 이 항목에서는 '자궁'이라는 항목의 링크를 찾을 수 있다. 그 항목으로 가면 '장'으로 가는 링크를 찾을 수 있고, '장' 항목에서 당연히 '장내 세균총'에 도달할 수 있다. 즉, 그 과정은 이렇다. 마녀의 냄비→자궁→장→장내 세균총. '버락 오바마'와 '그물버섯' 사이의 연결 고리는 다음과 같다. 버락 오바마→독일→버섯→그물버섯. '구두 끈'과 '우주 왕복선'의 연결 고리는 구두 끈→힙합→미국→나사^{NASA}→우주 왕복선이다. 믿기 힘들다면 직접 시도해 보라. '사과'와 '손전등' 사이의 연결 고리를 찾아보자.

이 예시에서 알 수 있듯이 위키피디아에 얼마나 많은 하이퍼링크가 존재하든 별다른 어려움 없이 원하는 항목으로 가는 길을 찾을 수 있다. 이것은 여러 관점에서 특별한 일이다. 우선 연결망에 존재하는 2,500만 개의 링크 중 어떻게든 올바른 조합을 찾아야 한다. 링크의 수가 모든 잠재적인 하이퍼링크의 0.00004%만을 대표하기 때문이다(그렇지 않고 모든 항목이 연결되어 있다면 위키피디아에는 6조 개의 링크가 있어야 한다). 더욱 놀라운 사실은 이렇게 찾아낸 다른 항목으로 가는 길이 대부분 정말 짧다는 것이다. 앞서 언급한 예시에서는 겨우 서너 번의 과정을 거쳐 다른 항목에 도달했다. 어떻게 그럴 수 있을까? 어떻게 우리는 아무 관련이 없는 '구두 끈'과 '우주 왕복선' 항목 사이를 수백, 수천 번의 과정을 거치지 않고 단 몇 번 만에 도달할 수 있을까? '구두 끈'과 '우주 왕복선', '버락 오바마'와 '그물버섯' 등은 모두 서로 전혀 관련이 없는 항목인데도 말이다.

작은 세상 효과

비교적 신생 학문 분야인 '네트워크 과학Network Science'이 앞서 언급한 예시와 같은 현상과 일반적인 사람들의 이해를 뛰어넘는 수많은 다른 현상을 설명한다. 몇 단계만 거쳐 원하는 목표에 도달하는 현상을 '작은 세상 효과Small-World effect'라고 한다. 생물학적인 것이든 기술적인 것이든 사회적인 것이든, 복잡한 신경망의 아주 전형적인 특성을 드러내는 효과다. 연결망이란 크면서 동시에 작은 것이다. 수백만 개의 노드와 링크로 구성되어 있기 때문에 큰 것이지만, 크기는 작다. 연결망의 크기는 연결망 내에서 어떤 신호나 정보가 퍼지는 속도를 결정한다. 그런데 우리는 이 연결망의 크기를 어떻게 측정할 수 있을까? 예를 들어 페이스북 연결망의 크기, 전 세계 항공 이동망의 크기, 모든 사람의 지인 연결망의 크기를 어떻게 알 수 있을까? 통용되는 방법 중 한 가지는 컴퓨터 알고리즘의 도움으로 한 노드에서 다음 노드로 가는 가장 짧은 길을 찾아낸 다음 평균값을 구하는 것이다. 레카 알베르트$^{Réka\ Albert}$, 정하웅, 알베르트 라스즐로 바라바시는 연결망 연구 분야의 선구자들이다. 이들은 1999년에 월드와이드웹을 측량하고 당시 8억 개의 웹사이트가 서로 연결되어 있던 인터넷 공간에서 노드 사이의 가장 짧은 길의 평균값을 구했다.[1] 그 결과는 18.59였다. 즉, 한 웹사이트에서 다른 웹사이트로 가려면 평균적으로 19개 정도의 링크를 통과해야 했다.

세 사람은 연결망 노드의 수와 그 크기 사이에 존재하는 아주 중요한 수학적인 연관성을 발견했다. 노드의 수가 늘어날수록 복잡한 연결망의 크기는 로그함수를 따라 천천히 증가한다. 그래서 한 단위의 크기를 키우려면 노드의 수를 계속 늘리는 것이 아니라 상수인자$^{Constant\ factor}$를 늘려 몇 배나 커지게 만들어야 한다. 예를 들어 노드가 500개 있는 연결망의 크기를 5라고 하자. 이 연결망의 크기를 6으로 키우려면 노드가 600개 필요하다고 생각하기 쉽지만, 사실 5천 개가 필요하다. 이 연결망의 크기를 7로 키우려면 노드가 5만 개 있어야 한다.

이 보편적인 로그 법칙의 도움으로 레카 알베르트는 동료들과 함께 노드의 수를 80억 개로 늘리면 노드 사이의 가장 짧은 길의 평균값이 얼마나 커질지 계산했다. 그러자 노드의 수가 8억 개일 때 18.59이던 평균값이 노드의 수가 80억 개일 때는 겨우 21로 증가했다. 노드의 수를 10배 늘리면 연결망의 크기도 10배 커지리라 예상하기 쉽지만, 사실은 겨우 10% 정도 커지는 수준이다.

즉, 인터넷 세상 속의 길은 짧다. 그렇다면 과연 인간 사이의 길은 어떨까? 인류를 전 세계를 포괄하는 친분 연결망이라고 생각해 보자. 모든 사람들의 친구, 친척, 지인들을 목록으로 만들면 하나의 연결망 안에 노드가 77억 개, 링크가 500억에서 7,500억 개가량 생겨난다. 이 연결망의 크기는 얼마나 될까? 네트워크 과학 분야의 모든 논증에 따르면 이 연결망의 크기 또한 매우 작다. 이미 1세기 전에 헝가리의 작가 프리제시 카린티Frigyes Karinthy가 단편 소설에서 작은 세상 효과를 다루며 임의로 고른 두 사람이 최대 여섯 다리만 건너면 서로 아는 사이라고 주장했다. 이 '6단계 분리 법칙Six degrees of separation' 가설은 할리우드까지 건너갔다. 1994년에 배우 케빈 베이컨Kevin Bacon이 한 인터뷰에서 모든 할리우드 스타들은 자신과 직접 공연했거나 아니면 자신과 공연했던 다른 배우와 공연했다고 말했다. 이 이야기를 들은 대학생 2명이 '케빈 베이컨의 6단계 분리 법칙'이라는 사회 실험을 진행했다. 청중들이 할리우드 스타의 이름을 한 명씩 댈 때마다 베이컨과 대학생들은 그 인물과 베이컨 사이의 연결 고리를 찾아냈다. 이들은 각 인물에게 베이컨의 숫자를 부여했다. 베이컨과 직접 일한 적이 있는 사람의 베이컨의 숫자는 1이다. 케빈 베이컨과는 아직 직접 일한 적이 없지만 베이컨의 숫자가 1인 사람과 함께 일한 적이 있는 사람들은 베이컨의 숫자 2를 부여받았다. 이런 식으로 연결 고리를 찾자 할리우드에서 일하는 배우들은 매우 강력하게 연결되어 있었고, 한 사람에게서 다른 사람에게로 이어지는 길은 매우 짧았다. 물론 그렇다고 해서 전 인류의 친분 연결망을 6이 라는 작은 숫자로 나타낼 수 있다고 직접 증명하기는 어렵다. 그 러나 오늘날 페이스북이나 인스타그램, 트위터 같은 소셜 플랫 폼이나 왓츠앱, 텔레그램 같은 의사소통 수단에서는 쉽게 단서 를 찾을 수 있다.

2012년에 페이스북의 이용자 수는 7억 2,100만 명이었고, 이 들은 690억 개 이상의 링크로 서로 연결되어 있었다. 평균적으 로 사용자 한 명당 페이스북 친구의 수는 95명에 이르렀다. 요한 우간데르Johan Ugander와 스탠포드 대학교의 동료들은 같은 해에 페 이스북의 크기를 계산했다.[2] 페이스북 사용자 2명 사이의 평균 적인 거리는 당시에 4.74였다. 로그 계산식으로 계산하면 지구상 에 있는 77억 명 사이의 연결망 또한 '6단계 분리 법칙'을 따른 다는 사실을 알 수 있다.

작은 세상 효과는 그저 흥미롭기만 한 특성이 아니다. 연결망 안에서 수많은 사건이 발생할 수 있기 때문에, 작은 세상 효과 의 결과는 거대하다. 2020년 초에 전 세계에서 코로나19 팬데믹

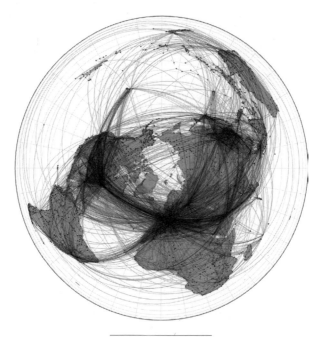

전 세계 항공 이동 연결망

이 시작되었을 때 우리는 작은 세상 효과의 결과를 피부로 느꼈
다. 결정적인 역할을 한 것은 전 세계 항공 이동 연결망이었다.
항공 이동 연결망만큼 전 세계 사람들이 서로 매우 가깝게 연결
되어 있다는 사실을 명확하게 보여주는 연결망은 없다. 전 세계
항공 이동 연결망은 4,000여 개의 공항을 연결한다. 2018년에는
5만 1,000여 대의 직항 편을 타고 30억 명 이상의 여행객이 이
동했다. 모든 여행객이 이동한 거리를 합치면, 하루 동안의 이동

거리만 140억 킬로미터에 이른다. 140억 킬로미터는 태양계의 중심인 태양부터 가장 멀리 있는 행성인 해왕성까지 거리의 세 배에 이른다. 14세기에 흑사병이 남유럽에서 스칸디나비아 반도에 퍼지기까지 하루에 5킬로미터를 이동하는 속도로 퍼져 나갔는데, 오늘날 코로나19는 그보다 100배는 더 빠른 속도로 전 세계로 퍼졌다. 속도 요인은 보행자와 초음속 비행기의 차이에 해당한다. 이와 비슷하게 우리는 소식, 정보, 이미지는 물론이고 잘못된 정보와 음모론이 소셜 네트워크와 현대적인 의사소통 수단을 통해 얼마나 빨리 퍼지는지를 알고 있다.

돌고래와 스마트폰

수많은 생물학적, 사회적, 기술적 연결망에는 보편적인 작은 세상 효과 이외에도 확산 현상 및 다른 역동적인 사건 진행 과정에 영향을 미치는 여러 근본적인 특성이 있다. 그중 몇 가지를 아주 특별한 연결망에서 찾을 수 있다. 바로 다우트풀 사운드에 사는 큰돌고래의 친분 관계 연결망이다. 다우트풀 사운드는 뉴질랜드 남섬의 남서단에 있는 아주 아름다운 피오르이다. 피오르란 좁은 만이 내륙 깊이 이어진 지형을 말하는데, 다우트풀 사운드의 만은 내륙 안쪽까지 30킬로미터 정도 이어진다. 이 물에는 큰돌고래 무리가 고립된 채 살고 있다. 덴마크의 생물학자 데이비드 루소David Lusseau는 2003년에 동료 연구자들과 함께 큰돌고래 약 60마리의 사회적인 연결망을 조사해 보고서를 발표했다.[3] 다우트풀 사운드 큰돌고래가 항상 거대한 집단을 이뤄 사는 것은 아니다. 그렇다고 혼자 살아가는 것도 아니다. 이 돌고래들은 보통 몇 마리씩 모여 작은 집단을 이루고 산다. 집단마다 구성원인 돌고래의 수가 다르다. 연구진은 이 돌고래들이 어떤 형태로 살아가는지를 7년 동안 추적 관찰했다. 연구진은 돌고래 2마리가 함께 있는 모습을 발견하면 곧장 기록하고 그 데이터로 연결망을 구성했다. 연결망의 각 노드는 돌고래 1마리를 나타낸다. 만약 어떤 돌고래 2마리가 통계적 기대치보다 훨씬 자주 함께 시간을 보낸다면 둘의 사이를 링크로 연결한다. 전체 연결망을 시각화하면 다우트풀 사운드의 큰돌고래들이 다른 모든 개체들과 똑같이 사이좋게 지내는 것은 아니라는 사실을 단번에 알 수 있다. 연결망은 대개 모듈형이다. 연결망의 한 부분에 속한 노드들이 서로 강하게 연결된다면 그것을 모듈 혹은 '클러스터'라고 부를 수 있다. 노드 한 개의 연결 수를 노드의 차수 혹은 노드 연결 정도라고 한다. 큰돌고래 연결망에서는 지배적인 클러스터가 2개 나타났다. 이 두 클러스터 사이의 링크는 거의 없었다. 한편, 돌고

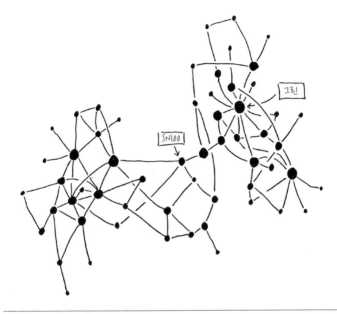

다우트풀 사운드 큰돌고래의 사회적 연결망을 시각화한 도표. 노드의 차수가 클수록 점의 크기도 크다. 다른 돌고래들과 가장 많이 교류하는 돌고래는 그린이다. SN100 은 중개인 역할을 하며 왼쪽과 오른쪽의 클러스터를 연결한다.

래 중 몇 마리는 다른 돌고래들보다 더 사회적이었다. 이 돌고래들은 다른 돌고래와 더 많이 교류했다. 일부 다른 돌고래들은 중심이 되기보다는 주변에 머물기를 선호했다. 또 돌고래들의 사회적 연결망을 관찰한 결과, "내 친구는 네 친구"라는 격언에 따라 공통의 친구를 둔 두 돌고래가 친하게 지내는 모습도 자주 보였다. 연결망 내의 클러스터를 연결하며 '중개인' 역할을 하는 돌고래도 있었다.

그렇다면 과연 돌고래 사이의 연결망에서 드러난 특성은 전형적이고 보편적일까? 사람 사이의 연결망은 어떤 모습을 보일까? 이를 어떻게 포착할 수 있을까? 2014년 초에 나는 코펜하겐에 있는 덴마크 공과대학교Technical University of Denmark, DTU에 초청되어 '전 세계 항공 이동망을 통한 팬데믹 확산'을 주제로 강연을 한 적이 있다. 나의 친구이자 동료이자 DTU의 교수인 수네 레만이 나를 초청했다. 그와는 미국에서 알게 되어 친분을 쌓았다. 나와 마찬가지로 수네 또한 이론물리학 분야 출신이고, 현재는 비교적 신생 학문 분야인 계산 사회 과학Computational Social Science을 연구하고 있다. 계산 사회 과학은 정보학과 사회학을 합친 학문 분야다. 수네는 사회적 연결망의 구조를 주로 연구하고 있다. 그의 사무실에서 함께 학술 프로젝트에 관한 이야기를 나누고 있을 때 학생 한 명이 들어왔다(수네의 사무실 문은 항상 열려 있다). 두 사람은 잠시 덴마크어로 이야기했다. 곧 학생이 수네에게 스마트폰을 내밀었다. 수네는 자신의 책상 서랍에서 신발 상자를 꺼냈다. 놀랍게도 그 안에는 현금이 가득 들어 있었다(나중에 확인한 바로는 10만 유로 정도에 해당하는 덴마크 크로네가 들어 있다고 했다). 수네는 돈을 꺼내 금액을 세더니 학생에게 내밀었다. 두 사람은 친근하게 작별 인사를 나눴고 학생은 곧 자리를 떠났다.

나는 덴마크어를 알아듣지 못했으므로 두 사람이 왜 스마트폰과 현금을 교환한 건지 이해하지 못한 채 덩그러니 앉아 있었다. 나는 그 장면을 다시 돌이켜 생각해 보았다. 잠시 수네가 불법적인 상업 행위로 돈을 모아 자물쇠를 걸지도 않은 책상 서랍 가득 돈을 모아둔 것은 아닌지 상상하기도 했다. 수네는 상자를 다시 서랍 안에 넣고 미소를 지으며 나를 돌아보고 말했다.

"나중에는 다른 방식으로 처리해야겠지만 지금은 이게 최선이야."

내 표정에서 당황스러움을 읽어서인지 수네는 무슨 일이 벌어진 것인지 설명했다. 모든 것은 DTU의 감각적인 프로젝트 때문이었다. 수네는 사회적인 친분 관계 연결망 프로젝트를 2010년부터 시작했고 그 이후 몇 년 동안이나 그 프로젝트에 푹 빠져 있었다.

큰돌고래와 마찬가지로 인간의 친분 관계 연결망에서도 노드가 각 개인을 나타낸다. 두 사람 사이의 연결인 링크는 그들이 얼마나 자주 만나는지, 그리고 얼마나 가까이에 머무르는지에 따라 발생한다. 두 사람이 서로 마주 보고 섰을 때, 혹은 같은 테이블에 마주 보고 앉았을 때, 함께 춤을 출 때, 소파나 지하철 등에서 나란히 앉았을 때의 거리를 재면 두 사람이 얼마나 가까운지 알 수 있다. 그러나 실질적으로 사람 사이의 친분 관계 연결망을 직접 측정하기란 매우 어렵다. 이론적으로만 보자면 실험 참가자를 모집해 그들이 누구를 만나고 누구와 이야기를 나누고 누구와 함께 점심을 먹고 버스, 집 근처, 일터 등에서 누구를 우연히 만나는지 모조리 추적 관찰해야 한다.

수네는 완전히 다른 방법을 선택했다. 그는 학교 측에 여러 차례 요청한 끝에 얻어낸 연구비로 우선 스마트폰 1,000대를 주문했다. 그리고 동료 연구자인 아르카디우스 스톱친스키[Arkadiusz Stopczynski]의 도움을 받아 이 스마트폰에 실험을 위해 특별히 프로그래밍한 소프트웨어를 설치하고 DTU의 학생 1,000명에게 스마트폰을 나눠 줬다. 해당 소프트웨어는 몇 달 동안 사용자의 모든 활동을 5분 간격으로 기록하고 그 데이터를 모으는 프로그램이었다. 저장되는 활동은 주로 페이스북 등의 소셜 미디어 활동, GPS 신호에 의한 움직임과 머문 장소, 이메일 교환, 문자 메시지 등을 통한 의사소통 등 스마트폰으로 할 수 있는 모든 것이었다. 또 각 스마트폰은 블루투스 기능을 통해 서로 신호를 주고받으므로, 실험에 참가한 학생들은 똑같은 스마트폰을 갖고 있는 학생이 근처에 있는지 여부를 곧바로 알 수 있었다. 수네와 동료 연구진은 이런 식으로 실험 참가자들 사이의 친분 관계를 파악했다. 즉, 이 스마트폰을 갖고 있는 두 실험 참가자가 수 미터 이내의 거리에 일정 시간 이상 머문다면 스마트폰이 두 사람의 접촉 정보를 데이터뱅크에 저장했다. 이것과 똑같은 기술이 2020년 코로나19 팬데믹 당시 코로나 경고 앱에 사용되었다. 여러 국가가 이 앱을 확진자와의 접촉이나 잠재적인 감염 위험을 알리는 데 활용했다.

당연한 말이지만 DTU의 실험 참가자들은 실험의 내용을 정확하게 인지했고, 자신의 개인 정보가 수집되며 연구진이 그 정보를 볼 수 있다는 사실 또한 알고 있었다. 즉, 자신이 어떤 음식점에 즐겨 가고, 누구와 친하고, 누구와 잠자리를 같이 하고, 연인 관계가 언제 발생해서 언제 끝나는지도 연구진이 모두 볼 수 있다는 사실을 숙지하고 있었다. 독일처럼 사생활과 개인 정보 보호가 사회적으로나 개인적으로나 아주 중요하게 생각되는 나라에서는 이런 종류의 실험을 진행하기 어려웠을 것이다. 이 실험은 말하자면 연구진이 '빅 브라더'가 되어 수많은 사람들의 사회적인 행동을 24시간 내내 감시하고 수량화하는 것이나 마찬가지다. 거대 인터넷 기업인 구글이나 애플이 스마트폰을 통해 수많은 개인의 활동 데이터를 모으고 분석하는 것처럼 말이다. 다만 이 실험에는 작지만 중요한 차이점이 있다. 우선 연구진에게는 상업적인 목적이 없었다. 개인의 데이터를 모아 상업적으로 이용해 돈을 버는 대기업과는 달랐다. DTU 연구진은 모든 실험 과정을 투명하게 공개할 구조를 만들었다. 연구실을 공개해 모든 실험 참가자들이 실험 과정, 데이터 활용, 실험 결과 등을 확인하고 자신의 데이터가 이용되는 것을 허락한 것이다. 실험 참가자들은 원하는 때에 언제든지 데이터 수집 기능을 껐다가 다시 켤 수 있었다. 즉, 자신의 데이터를 의식적으로 제공한 것이다. 이렇게 투명하고 명확하고 실험 참가자들이 자발적으로 참여하는 방식으로 실험을 진행하겠다고 해도 독일에서는 이런 실험이 불가능했을 것이다. 내가 느낀 바에 따르면 덴마크 사람들은 독일인들보다 상호 간의 신뢰가 두터운 것 같다. 수네의 책상서랍에 10만 유로나 되는 큰돈이 들어 있던 것도 설명이 가능하다. 그 돈은 이를테면 스마트폰 보증금이었다.

이 합리적인 DTU 프로젝트[4] 결과, 수네와 동료들은 사회적 연결망의 구조와 관련한 수많은 중요한 특성을 측정하고 수량화할 수 있었다. SARS-CoV-2나 인플루엔자, 홍역 바이러스의 확산을 연구할 때 우리의 친분 관계 연결망이 대단히 중요한 역할을 한다. 대부분의 바이러스는 말을 하거나 기침할 때 튀는 침과 에어로졸을 통해 인간에게서 다른 인간에게로 전달되기 때문이다. 수네와 연구진은 몇 달 동안 친분 관계 연결망을 기록하고 시각화한 다음 분석했는데, 그 결과, 사람의 친분 관계 연결망이 다우트풀 사운드 큰돌고래의 친분 관계 연결망과 매우 유사하다는 놀라운 사실을 발견했다. 학생들의 연결망은 예상했던 바와 같이 모든 사람이 강하게 '연결된' 형태는 아니었다. 학생들의 연결망에서도 작은 클러스터가 나타났는데, 클러스터에 속한 사람들끼리는 서로 수많은 링크로 연결되어 있었다. 클러스터 발생은 사회적인 연결망의 전형적인 특징이다.

사회적 연결망에서 클러스터가 발생하는 과정

서로 완전히 다른 사회적 연결망 클러스터로 구성된 대학이라는 공간에서 모든 클러스터에는 동일한 메커니즘이 작용하는 것처럼 보인다. 그렇다면 과연 그 메커니즘이란 무엇일까? 2007년에 핀란드의 과학자인 유시 쿰풀라Jussi Kumpula, 유카 페카 온넬라Jukka-Pekka Onnela, 야리 사라매키Jari Saramäki, 킴모 카스키Kimmo Kaski와 헝가리의 과학자인 야노시 케르테스János Kertész가 간단한 모델을 개발했다.[5] 개발자들의 이름 머리글자를 따서 주주자자키 모델이라고 불리는 이 모델은 사회적인 연결망에서 클러스터가 아주 자연스럽게 저절로 생겨나는 과정을 보여준다. 연결망이란 역동적인 것이라고 가정하는 이 모델에서 노드들은 스스로 자신의 연결을 바꿀 수 있다. 연결망 내에서는 여러 노드가 연결된 다른 노드와 함께 통째로 사라지거나 새로운 노드들이 생기기도 한다. 이 모델에서 임의로 노드 한 개를 골라 노드 A라는 이름을 붙였다고 하자. 노드 A는 스스로 또 다른 임의의 노드 B를 골라 새로운 링크 B를 만들어낼 수 있다(여태까지 두 노드가 연결된 적이 없다면 말이다). 만약 노드 B에 이웃인 노드 C가 있다면 A는 곧 C와도 새롭게 연결될 것이다. 즉, B가 A와 C의 사이를 중개한다. 노드 하나가 다른 두 노드 사이에서 중개인 역할을 할 수 있는지 여부는 노드 사이의 친분, 즉 연결이 얼마나 두터운지에 달렸다. 주주자자키 모델은 신뢰를 구현한다고 볼 수 있다. 임의의 연결망을 골라 주주자자키 모델의 알고리즘을 시행하면 그 연결망에서 곧 현실 세계의 사회적 연결망과 비슷한 클러스터가 발생한다. 단,

주주자자키 네트워크 모델은 사회적인 연결망 내에서 서로 강하게 연결된 작은 클러스터가 발생하는 이유를 설명한다. 왼쪽의 연결망은 구조 없이 우연히 생긴 연결망의 초기 형태이다. 주주자자키 네트워크 모델의 역동적인 법칙을 적용하면 자동으로 강하게 연결된 지역적인 클러스터가 생겨나는데, 이것은 실제 사회적인 연결망의 전형적인 형태다.

신뢰 메커니즘이 충분히 강해야 한다는 것이 조건이다.

이 사실은 수학적인 전염병학 분야에서 특히 중요하다. 이 분야의 전문가들은 꽤 오래전부터 전염병의 확산과 함수 그래프를 설명하는 수학 모델을 개발했다. 모든 모델에서는 각기 다른 가정을 활용한다. 확고한 데이터 기반이 없기 때문이다. 오래된 모델에서 사용되는 일반적인 가정이 바로 동질의 집단이다. 이 집단에서는 각 개체가 통계적으로 똑같이 행동한다. 한 가지 전제가 있다면 이 집단이 잘 '섞여' 있어야 한다는 것이다. 즉, 모든 개체가 서로 동일한 확률로 접촉해야 한다. 연결망으로 치환한다면 모든 노드가 서로 링크를 갖고 있다고 설명할 수 있다. 상식에는 어긋나지만 모델을 수학적으로 분석하려면 이렇게 간략화한 접근법을 꼭 활용해야 한다. 다만 간략화한 가정이 결과에 강한 영향을 끼치지는 않기를 바랄 뿐이다. 더 복잡한 관계 연결망의 구조를 모델에 완벽하게 통합해 그것으로 현실적인 모델을 분석할 수 있더라도 실제 인간관계 연결망의 구조에 영향을 미칠 신뢰할 수 있는 데이터가 부족하다. 합리적인 DTU 프로젝트는 우선 간략화한 가정이 우리의 현실과 얼마나 동떨어져 있는지를 보여주었다. 어쨌든 이 실험에서 처음으로 파악된 인간관계 연결망 내 클러스터의 특징은 전염병의 확산에 막대한 영향을 미쳤다.

강력하게 연결된 클러스터가 어떤 효과를 불러일으키는지는 코로나19 팬데믹의 역동성을 보면 알 수 있다. 인간에게서 인간에게로 전염되는 여타 바이러스와 마찬가지로, 코로나 바이러스 또한 많은 사람들이 서로 만나야만 확산할 수 있다. 비유하자면 인간 간의 접촉이 바이러스의 먹이인 셈이다. 그래서 팬데믹을 막기 위한 모든 조치가 사람 간의 접촉을 줄이는 것과 관련이 있었다. 유치원의 생일파티나 결혼식같이 수많은 사람들이 가까이 모인 촘촘한 인간관계 연결망이야말로 바이러스에게는 다 차려진 밥상이나 마찬가지다.

바이러스가 먹잇감으로 삼는 대상을 줄여야 바이러스 전파 가능성을 효과적으로 줄일 수 있기 때문에 코로나19 팬데믹을 막으려면 함께 모이는 사람의 수를 줄여야 한다. 예를 들어 어떤 생일파티에 손님이 20명 모였다. 모든 사람이 다른 모든 손님들과 대화를 나눈다면 접촉은 $20 \times 19 = $ 총 380번이다. 즉, 바이러스 전파가 가능한 길이 380개 존재하는 것이다. 모든 사람들이 바이러스에 감염됐을 가능성이 있으며 또한 모든 사람이 자신을 제외한 나머지 19명에게 바이러스를 옮길 가능성이 있기 때문이다. 손님의 수를 절반으로 줄이면 어떨까? 생일 파티에 손님이 10명 왔다면, 바이러스 전파가 가능한 길은 $10 \times 9 = 90$개다. 380번에 비하면 4분의 1 정도다. 손님의 수를 5명으로 줄인다면? $5 \times 4 = 20$,

겨우 20이다. 380의 약 5% 정도다. 즉, 함께 모이는 사람의 수를 줄이는 것은 우리 생각보다 훨씬 더 효과적인 바이러스 차단 방법이다. 특히 클러스터 구조가 강력한 연결망에서는 더욱 효과가 크다.

우연히 발생한 척도 없는 연결망

모든 연결망은 저마다 다른 특성이 있고 복잡해서 작은 세상 효과나 전형적인 사회적 연결망의 클러스터 같은 근본적인 법칙을 간단히 식별할 수 없다. 그렇다면 다른 방법이 있을까? 현대 네트워크 과학이 탄생한 새천년 전환기에 헝가리의 레카 알베르트와 알베르트 라스즐로 바라바시는 체계가 다른 여러 연결망을 비교했다.[6] 두 사람은 완전히 다른 데이터 레코드를 세 가지 준비했다. 첫 번째는 배우 20만 명의 협업 연결망이었다. 한 영화에 같이 출연한 적이 한 번이라도 있다면 두 배우 사이에는 링크가 만들어진다. 두 번째는 서로 링크로 연결된 인터넷 사이트 32만 5,000개로 알아본 월드와이드웹의 하위 구조다. 세 번째는 노드가 5,000개 있는 지역 전력 공급 연결망이다. 전력 공급을 위한 개폐 장치와 배선 장치가 노드의 역할을 한다.

이 세 가지 연결망이 생긴 근본 원인은 각기 다르다. 그러나 알베르트와 바라바시는 이 세 연결망의 구조에서 근본 법칙을 발견했다. 이들은 각 연결망에서 노드의 차수의 도수분포를 구했다. 얼마나 많은 노드가 특정한 노드의 차수를 갖는지 계측하고 특정한 노드의 차수가 얼마나 빈번하게 나타나는지 정리한 것이다. 평범해 보이는 모델 연결망으로 이를 가장 잘 설명할 수 있다. 이 모델 연결망은 순전한 우연으로 만들어진 것이다. 이렇게 우연히 발생한 연결망에 노드가 100개 있다고 치자. 이것이 모든 노드가 서로 연결된 완전한 연결망이라고 했을 때, 100개의 노드에서 발생하는 링크는 4,950개다. 그다음 이 링크의 본질적인 부분을 임의로 제거한다. 예를 들어 링크의 95%를 제거한다면 남는 것은 250개다. 노드의 차수의 분포는 대부분의 노드가 5~6 정도의 노드의 차수를 갖는다는 사실을 보여준다. 아주 낮은 노드의 차수나 아주 높은 노드의 차수는 흔치 않다. 노드의 차수에 엄청나게 큰 숫자가 나타나는 일은 없다. 만약 링크의 95%를 임의로 없앤다면 모든 노드가 같은 수의 링크를 잃을 것이다. 노드의 차수의 도수분포표는 전형적인 종 모양을 보인다. 이런 모양은 다른 도수분포표에서도 흔히 찾아볼 수 있다. 예를 들어 성인 여성의 발 크기 분포표도 종 모양으로 나타난다. 가장 흔한 수치는 250이다. 이 세상에 발이 2센티미터이거나 4킬로미터인 사람은 없다. 그래서 가장 흔한 사이즈인 250을 기준으로 가운데 부분이 솟은 종 모양의 분포가 나타난다.

실제 연결망의 노드의 차수 분포를 조사한 알베르트와 바라바시는 세 차례나 크게 놀랐다. 첫째로, 우연히 발생한 척도 없는 연결망처럼 수학적인 구조가 아닌, 실제 연결망을 조사했음에도 노드의 차수의 도수분포가 명확한 수학적 법칙을 따른다는 사실

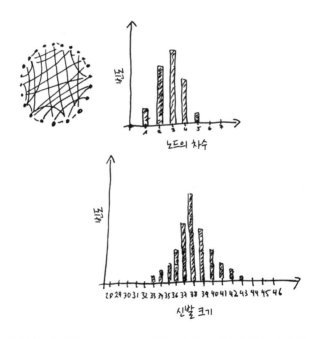

노드 22개에서 생성된 우연한 연결망의 모든 링크 중 일부를 없앤다. 노드의 차수의 분포는 종 모양의 곡선을 그린다. 이는 신발 크기의 분포도 모양과 비슷하다.

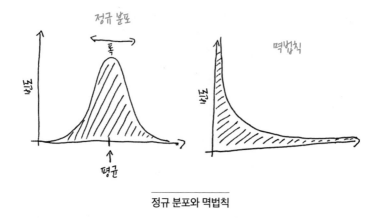

정규 분포와 멱법칙

에 놀랐다. 둘째로, 이 수학적 법칙이 모든 각기 다른 연결망에 거의 동일하게 적용된다는 점에 놀랐다. 연결망들이 발생한 근본 원인이 서로 달랐음에도 말이다. 셋째로, 이들은 척도 없는 연결망이나 신발 크기 같은 분포에서 나타나는 것과는 완전히 다른 형태 하나를 발견하고 놀랐다. 평범한 종 모양이 아닌, 다르게 분포된 도표였다.

실제 연결망의 노드의 차수 도수분포는 소위 말하는 멱법칙을 따른다. 노드의 차수를 K로, 빈도를 H로 표기했을 때 간략한 공식은 다음과 같다.

$$H \sim \frac{1}{K^P}$$

매개변수 P의 평균은 3이다. 이 공식은 수많은 노드가 아주 작은 노드의 차수를 가지며, 극소수의 노드만이 서로 강하게 연결된다는 뜻이다. 노드의 차수의 분포는 매우 넓다.

그렇기 때문에 평균값에 해당하는 전형적인 노드의 차수가 연결망에 대해 많은 것을 설명하지 않는다. 또한 분포의 폭을 나타내기도 어렵다. 연구진이 활용한 연결망에서는 노드의 차수에 전형적인 척도를 적용하는 것이 의미가 없기 때문에 이런 것들을 척도 없는 연결망이라고 부른다. 신발 크기의 분포를 예로 들어 설명하자면, 만약 대부분의 사람들의 발이 아주, 아주 작다면 극소수의 사람들만이 그보다 10배, 100배, 1,000배 큰 발을 가질 수 있다. 영화배우 연결망의 평균 노드의 차수는 28.7이었다. 하지만 이 수치를 보고 분포를 알 수 있는 것은 아니다. 96%의 배우들의 노드의 차수는 1이었으나 0.01%, 즉 엘리트 배우 집단은 300개가 넘는 다른 노드와 연결됐다. 이렇게 다른 것들에 비해 월등하게 높은 노드의 차수를 갖는 극소수의 노드들을 네트워크 과학 분야에서는 '허브'라고 부른다. 허브는 중심부라는 뜻인데, 자전거 바퀴의 중심부가 수많은 살과 연결된 것처럼 연결망의 허브도 수많은 링크를 갖는다.

그런데 노드의 차수 분포가 종류가 완전히 다른 모든 연결망에서 거의 똑같은 형태로 나타나는 이유는 무엇일까? 이런 보편적인 특징은 모든 실제 연결망의 근본에 놓여 있는 간단한 메커니즘의 결과일까, 아니면 우연일까? 사실 척도 없는 연결망의 멱법칙은 한 가지 간단한 법칙으로 쉽게 설명할 수 있다. 소위 '부자는 더 부유해진다' 법칙이다. 대부분의 사람들은 이 과정을 직접 경험해 본 적이 있다. 나도 마찬가지다. 2020년 여름, 딸과 함께 드레스덴에 머물렀을 때였다. 여느 관광객들과 마찬가지로 우리도 관광 명소인 뮌츠가세를 돌아다니고 있었다. 관광객 무리는 뮌츠가세를 따라 걸으며 양옆으로 보이는 프라우엔 교회와 엘베강을 구경했다. 뮌츠가세의 좁은 골목 안쪽으로는 아담한 레스토랑이 옹기종기 모여 야외 테이블을 널찍하게 펼쳐 두고 있었다. 골목은 야외 테이블로 터져 나갈 지경이었다. 그런데 식사 시간이 한창일 때 그 골목의 모습을 관찰하면 모든 레스토랑에 동일한 정도로 많은 관광객들이 찾아가는 건 아니라는 사실을 알 수 있었다. 현지 사정에 밝지 않지만 맛있는 음식을 먹고 싶은 관광객들은 높은 확률로 손님이 많은 레스토랑을 고른다. 손님이 많다는 것은 음식이 맛있다는 가정을 따르기 때문이다. 이렇게 관광객 무리가 이미 다른 손님으로 넘치는 레스토랑에 들어가면, 다음 관광객 무리 또한 비슷하게 손님이 많은 곳을 고르기 때문에 같은 레스토랑에 들어간다. 객관적으로 볼 때 모든 레스토랑의 음식 맛이 똑같다고 하더라도, 이렇게 저절로 생

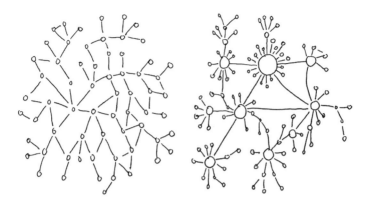

우연히 발생한 척도 없는 연결망: 왼쪽의 연결망에서 보이는 노드의 차수는 아주 낮아서 1~10 사이이다. 오른쪽 연결망은 척도 없는 연결망이다. 대부분의 노드는 노드의 차수가 아주 낮은 반면, 몇몇 소수의 '허브'는 노드의 차수가 높다.

겨나는 효과 때문에 소수의 레스토랑이 다른 레스토랑보다 더 많은 손님을 모으게 된다. 이를 네트워크 과학 분야의 지식에 따라 설명하자면 다음과 같다.

우리가 우연히 서로 연결된 노드들이 있는 작은 연결망을 만들어냈다고 하자. 이후에는 계속해서 새로운 노드들이 생겨나고, 모든 새로운 노드는 우연히 선택된 다른 노드와 연결되는데, 이때 이미 다른 노드와의 연결이 강한 노드에 연결될 가능성이 높다. 바꿔 말하면 다른 노드와의 연결이 강한 노드가 새로운 노드를 '수집할' 가능성이 높으며 추후에 생성될 다른 노드에도 더 매력적으로 보이기 쉽다. 이런 식으로 계속 성장하도록 두면 연결망은 특정한 크기에 도달한 다음에 알베르트와 바라바시가 실제 연결망에서 관찰한 것과 같은 근본 원칙을 따른다. 이렇게 소수의 노드만 강력한 연결성을 갖고, 수많은 다른 노드는 연결성이 약한 척도 없는 연결망이 만들어진다. 어떤 연결망이 '부자는 더 부유해진다'는 메커니즘을 따르지 않고 순전히 우연에 의해 노드가 연결되어 성장한다면 모든 노드가 똑같은 노드의 차수를 가지게 될 것이다. 이미 연결이 많은 노드가 새로운 노드와도 연결될 가능성이 높은 메커니즘이 '부자는 더 부유해진다'고 불리는 이유는 간단하다. 빈익빈 부익부라는 말이 있듯이 이미 부자인 사람들은 앞으로 더욱 부자가 되기 쉽다. 이미 돈이 많으므로 투자를 하거나 다른 사람을 고용해 이익을 창출할 수 있기 때문이다. 사회학 분야에서는 이것을 '마태 효과Matthew effect'라고 한다. 신약성경 마태복음 25장 29절에 나오는 "무릇 있는 자는 받아 넉넉하게 되되 없는 자는 그 있는 것도 빼앗기리라."라는 구절 때문이다. 사실상 인간이 경제활동을 해 벌어들이는 수입 또한 척도가 없이 분포해 있다. 수학적으로는 멱법칙을 따른다. 다만 여기서는 이 법칙이 또 다른 이름으로 불린다. 바로 파레토 법칙Pareto's Law이다. 경제학자 빌프레도 파레토Vilfredo Pareto가 소득분포를 통계적으로 나타내기 위해 만든 법칙인데, 부유한 자와 가난한 자의 소득 격차가 너무 크기 때문에 한 사회의 평균 소득을 계산해 귀납적 추론에 이르는 것은 아무 의미가 없다는 점을 설명한다. 예를 들어 1,000명 중 999명은 1년에 1만 유로를 벌고 단 한 명만 5억 유로를 번다면 이 집단의 평균 소득은 50만 유로다. 이 결과로는 집단 내의 대부분의 사람들이 적은 돈을 벌고 단 한 명만 어마어마한 부자라는 사실을 추론할 수 없다.

척도 없는 연결망이 발견되고 나서 얼마 지나지 않아 스웨덴의 사회학자 프레드리크 릴리에로스Fredrik Liljeros와 연구진, 그리고 이미 앞서 언급된 바 있는 물리학자 루이스 아마랄이 함께 스웨덴인 4,781명의 성생활을 조사했다.[7] 연구진은 공들여 작성한 설문 조사 문항으로 실험 참가자들에게 지난 12개월 동안 성관계 상대방의 수를 물었다. 그 결과 성적 접촉 연결망 또한 보편적인 먹법칙을 따르며(이 실험과 관련해서는 먹법칙이라는 개념이 두 가지로 해석될 수 있다) 척도 없는 연결망이었다. 노드의 차수 도수분포에서는 남성과 여성 모두에게서 같은 수학적 법칙이 발견되었다. 그런데 남성들에게서는 작지만 체계적인 차이가 나타났다. 연구진은 이 작은 차이를 추가로 연구했고 곧 질문을 받은 남성 실험 참가자들이 성관계 상대방의 수를 조금씩 과장해 허위 답변을 제출했다는 사실을 발견했다. 아무튼 성관계 상대방 연결망에서도 대부분의 사람들은 접촉의 수가 적고, 극소수의 사람만이 접촉의 수가 많다는 특성이 나타났다. 그리고 바로 이 특성이 예를 들어 성관계로 전염되는 질병의 확산을 예측하는 데 쓰일 수 있다. 수많은 사람과 연결되는 극소수의 노드는 이른바 '슈퍼 전파자'다. 질병에 감염된 슈퍼 전파자는 수많은 사람과 관계를 맺으며 연결망 내에서 질병을 '널리' 퍼뜨린다. 즉, 척도 없는 연결망은 전염성 질병 확산에 큰 영향을 미친다. 반대로 이를 잘 활용한다면 전염성 질병을 예방할 수 있을 것이다.

연결망과 예방접종

미국의 물리학자 알레산드로 베스피냐니Alessandro Vespignani와 스페인의 물리학자 로무알도 파스토르 사토라스Romualdo Pastor-Satorras는 척도 없는 연결망에서 전염병이 확산하는 과정을 연구한 결과를 내놓았다.[8] 이들은 그 결과를 전통적인 질병 확산 모델로 여겨지는 동질적인 연결망 내의 질병 확산 결과와 비교했다. 그리고 한 가지 수학 모델을 활용해 척도 없는 연결망 내에서는 전염성 질병이 더욱 빨리 확산하며 이를 제어하기가 훨씬 어렵다는 결론을 내놓았다. 평균적으로 한 사람이 병을 옮길 수 있는 대상의 수가 동일하더라도 말이다.

예방접종에 관해 알면 이 실험 결과를 더 잘 이해할 수 있다.

우선 '일반적인' 우연한 접촉 연결망을 상상해 보자. 이 연결망 내에서는 모든 사람이 대략 4명 정도의 다른 사람과 접촉한다. 즉, 각 노드 하나가 다른 노드 4개와 연결된다는 뜻이다. 그다음 모든 링크가 전염성 질병 한 가지를 옮길 수 있다고 가정한다. 어떤 링크 하나에 연결된 사람이 질병에 감염되면 이 사람은 또 다른 링크 3개로 연결된 사람들 3명을 감염시킬 수 있다. 그런데 이 3명 또한 다른 링크로 다른 사람들과 연결된다. 이 세 사람이 다시 감염시킬 수 있는 사람의 수는 9명이다. 그다음은 27명, 그다음은 81명이다. 전염병은 순식간에 전체 연결망으로 퍼진다. 자, 그럼 이제 이 상상속 연결망에 있는 노드 중 임의로 몇 개를 골라 '예방접종'을 해보자. 연결망 내의 모든 노드들은 똑같은 정도로 단단하게 연결되어 있으니 어떤 노드를 골라 예방접종을 하는지는 관계없다. 예방접종을 받은 노드는 질병에 걸리지도, 타인을 전염시키지도 않는다. 해당 노드의 연결이 감염 과정에 아무런 영향을 미치지 않는다는 뜻이다. 따라서 '예방접종된' 노드는 그 연결까지 모두 포함해 연결망에서 지워도 된다. 노드 중 75%가 예방접종을 받으면 남아 있는 노드의 평균적인 노드의 차수가 75% 줄어든다. 예방접종을 받은 노드가 연결망에서 지워지면 접종을 받지 않은 노드의 연결 또한 줄어들기 때문이다. 이렇게 가지치기가 된 연결망에서는 노드가 평균적으로 네 개는

커녕 단 하나의 링크만 갖게 된다. 남은 노드 중 하나가 감염된다고 하더라도, 이 노드는 링크가 없으니 다른 노드를 감염시킬 수 없고 결국 전염병은 더 이상 확산하지 않는다. 예방접종이 효력을 발휘하는 셈이다.

예방접종의 효과는 기하학적으로도 해석할 수 있다. 필수적인 노드 몇 개에 접종을 하면 연결망이 작은 연결망 여러 개로 붕괴된다. 작은 연결망들은 완전히 떨어져 서로 연결되지 않으므로 각 연결망에 속한 노드 사이에 링크가 발생할 일도 없다. 그런데 척도 없는 연결망에서는 이런 일이 발생하지 않는다. 척도 없는 연결망에서 임의로 특정한 노드 여러 개를 골라 접종을 했다고 치자. 앞서 언급한 것처럼 접종을 받은 노드의 비율이 75%라고 했을 때, 질병을 널리 퍼뜨리는 슈퍼 전파자가 그 75% 안에 포함될 가능성은 극히 적다. 즉, 접종을 받은 노드의 대부분은 링크가 적은 노드들일 것이다. 예방접종의 보급률이 같을 때 슈퍼 전파자는 이전과 마찬가지로 연결망의 대부분과 연결되어 있다. 척도 없는 연결망에서는 무작위로 실시되는 예방접종이 효과를 보기 어렵다. 그런데 만약 슈퍼 전파자가 누구인지 알고 있다면 양상은 완전히 달라진다. 슈퍼 전파자를 특정한다면 소수의 슈퍼 전파자들에게만 예방접종을 하면 되고, 그 효과는 훨씬 클 것이다. 다만 문제는 인구 중 누가 슈퍼 전파자인지를 미리 알 수 없다는 점이다.

　이런 딜레마를 해결하려면 네트워크 이론 분야의 통찰력이 필요하다. 바로 연결망 내에서는 어떤 노드의 이웃 노드가 그 노드 본인보다 평균적으로 높은 노드의 차수를 갖는다는 것이다. 사회적 연결망을 예로 들어 이해하기 쉽게 설명하자면, '당신의 친구들이 평균적으로 당신보다 친구가 많다'는 말이다. 이를 '친구 관계의 역설Friendship paradox'이라고 하며, 이것은 사실이다. 이상화한 연결망에서 알기 쉽게 나타낼 수 있다.

　아래의 이미지는 사람 4명 사이의 간단한 연결망을 나타낸 것

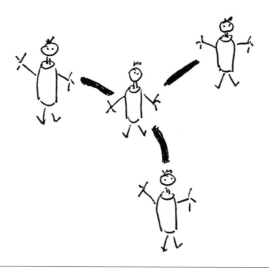

4명 사이의 간단한 연결망. 평균 노드의 차수, 즉 K는 1.5다. 그런데 이웃 노드의 평균 노드의 차수(Q)는 2.5다.

이다. 이를 공식으로 표현할 때는 노드의 차수라는 긴 단어 대신 K라는 알파벳을 쓴다.

세 사람의 K는 1이다. 그런데 한 사람의 K는 3이다. 그래서 평균적인 K의 값은 다음과 같이 구할 수 있다.

$$평균 K = (1+1+1+3)/4 = 6/4 = 1.5$$

친구들(연결망 내의 이웃들)의 평균 노드의 차수를 Q라고 하자. 세 사람은 이웃이 오직 한 명(가운데에 있는 사람)이지만, 가운데에 있는 사람의 K는 3이다. 내가 주변에 있는 세 사람 중 한 명일 때, 내 이웃(가운데에 있는 사람)의 노드의 차수가 3이니 Q는 곧 3이다. 반대로 가운데에 있는 사람의 경우, 이웃 3명의 K가 모두 1이다. 그래서 이 사람을 기준으로 한다면 Q는 1이다. 평균을 내면 다음과 같다.

$$평균 Q = (3+3+3+1)/4 = 10/4 = 2.5$$

이를 곰곰이 생각해 보자. 척도 없는 연결망에서는 평균 노드의 차수와 평균 이웃 노드의 차수의 차이가 특히 크다. 계산해 보지 않아도 직감적으로 알 수 있는 사실이다. 앞서 등장한 그림의 척도 없는 연결망을 다시 살펴보자. 해당 연결망에서 임의로 노드 하나를 고르면, 아마 그 노드의 노드의 차수는 낮을 가능성이 높다. 척도 없는 연결망에는 노드의 차수가 높은 노드가 소수이고, 노드의 차수가 낮은 노드가 대다수이기 때문이다. 그런데 그 노드의 이웃 노드를 고르면 허브를 선택할 가능성이 올라가기 때문에 노드의 차수 또한 높아진다. 허브는 매우 많은 링크를 갖고 있기 때문이다. 이런 원칙에 따라 이스라엘 바일란 대학의 물리학자 레우벤 코헨^{Reuven Cohen}, 슐로모 하블린^{Shlomo Havlin}, 다니엘 벤 아브라함^{Daniel Ben-Abraham} 등은 2003년에 더 현명한 예방접종 전략에 대한 이론적인 모델을 만들었고 슈퍼 전파자를 미리 찾아내 접종의 효과를 높이는 방법을 소개했다.[9]

세 사람은 자신들이 만든 모델로 시나리오 두 건을 만들어 연구하고 비교했다. 한 시나리오에서는 연결망 내에 있는 일부 노드를 임의로 골라 예방접종을 했다. 효과는 상당히 놀라웠다. 두 번째 시나리오는 더 효율적인 것이었다. 연결망 내의 슈퍼 전파자를 골라 예방접종을 하고, 슈퍼 전파자가 자동으로 시스템 내에서 사라지도록 만드는 방법이었다. 현실에 빗대어 설명하자면, 우리는 사람들에게 전염병 예방접종을 받으라고만 권할 게 아니라 그 사람에게 지인에게도 접종을 받으라고 권하도록 일러야 한다. 언젠가는 이 방법이 실현될 것이다.

앞서 설명한 여러 예시는 빠른 속도로 성장하고 있는 네트워크 과학 분야에 속한 극히 일부 연구 결과일 뿐이다. 전 세계적으로 점점 더 많은 과학자들이 네트워크 관련 아이디어를 채용해 각기 다른 체계를 더 깊이 이해하려고 한다. 생태계, 신경망, 금융 시장, 세포의 유전자 발현(이에 관해서는 5장 티핑 포인트에서 다시 다루도록 하겠다), 인프라, 정보 시스템 등 네트워크 과학을 활용할 수 있는 분야는 무궁무진하다. 네트워크 연구는 복잡계 과학 분야의 일부분이자 단일 학과를 뛰어넘는다. 서로 완전히 다른 현상을 보이는 여러 구조, 특히 사회 시스템과 생물학 시스템의 공통점을 제시하기 때문이다. 지난 몇 년 동안 이처럼 모든 분야를 아우르는 네트워크 과학 연구소가 전 세계 여러 국가에 세워졌다. 그리고 다양한 분야를 전공한 여러 능력 있는 학자들이 마치 자석에 이끌리듯 네트워크 연구 분야로 모여들고 있다. 안타깝게도 독일에는 아직 이런 연구소가 없다.

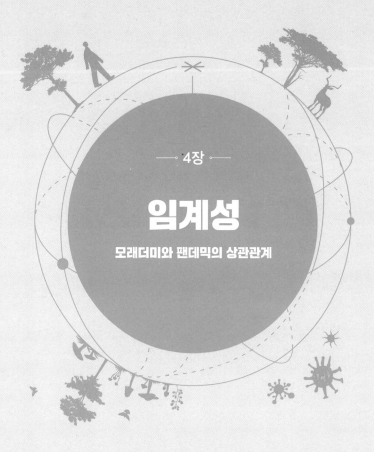

4장

임계성

모래더미와 팬데믹의 상관관계

"믿을 수 없는 결과가 나타날 가능성은 높다.
수많은 믿을 수 없는 결과들이 나타날 수 있기 때문이다."

– 페르 박Per Bak, 덴마크의 이론 물리학자

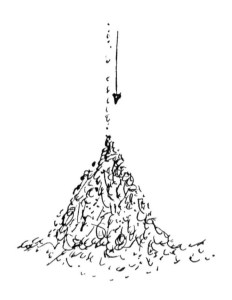

나는 브라운슈바이크 교외에 있는 인구가 4,000명 정도인 마을
에서 자랐다. 내가 아주 어렸을 때인 1970년대 후반에는 삶의 거
의 모든 행위가 야외에서 이루어졌다. 주민들 사이의 사회적 연
결망은 아날로그 방식이었고, 뭐든지 직접 만나서 해결했으며
아주 친밀하고 끈끈했다. 모든 사람이 다 서로를 아는 것은 아니
었지만, 클라우스 클라인베히터Klaus Kleinwächter를 모르는 사람은 없

었다. 클라우스는 어린 시절 나의 영웅이었다. 그에 대한 기억은 어렴풋이 드문드문 존재한다. 나보다 예닐곱 살 정도 많은 형이었다. 일찍부터 수염이 덥수룩하게 났고 소매가 없는 청재킷을 입고 다녔으며, 어린이 도서 『왕도둑 호첸플로츠』에 나오는 호첸플로츠의 청소년 시절을 보는 듯한 모습이었다. 사람들은 모두 클라우스를 무서워하거나 존경했다. 그에게 딴죽을 거는 사람은 없었다.

클라우스는 항상 대담하고 무모한 행동을 했고, 많은 아이들이 그런 모습에 반해 그를 추종했다. 그는 평소에는 조용하고 얌전한 편이었지만 위험하고 결정적인 순간에는 행동에 나섰다. 당시에 마을 아이들이 항상 집합하는 장소가 하나 있었는데, 바로 마을 외곽에 있는 소화용 저수 연못이었다. 1960년대 후반까지 의용소방대가 불을 끌 때 쓸 물을 끌어오던 곳이다. 내가 어렸을 때는 겨울이 매우 추워서 이 연못이 항상 꽁꽁 얼었다. 마을 아이들은 몇 시간이고 연못가에 서서 꽁꽁 언 연못에 나뭇가지와 돌을 던지곤 했다. 누구도 제일 먼저 얼음 위로 내려가 연못을 가로지를 용기가 없었기 때문이다. 사실 부모님들이 절대 얼음 위에 올라가지 말라고 엄포를 놓았지만, 우리는 누군가가 과연 얼음이 충분히 두꺼운지 직접 올라가 알아봐야 한다고 생각했다. 그리고 매 겨울마다 가장 먼저 얼음 위를 걸어간 사람은 클라우스였다. 소매 없는 청재킷을 입고. 우리는 잔뜩 긴장한 채로 과연 얼음이 버틸지 주시했다. 클라우스는 위험한 상황에도 두려워하지 않는 해결사였다. 마을 아이들과의 교우 관계에서는 예외적인 존재였지만 클라우스는 늘 자신만의 확고함을 잃지 않고 행동했다.

놀랍게도 자연과 우리 사회의 수많은 사건이 중요한 한계점에 다다랐을 때 발생한다. 겉으로 보기에는 전혀 달라 보이는 이런 사건들 사이에는 근본적인 공통점이 상당히 많다. 게다가 이런 사건들은 스스로 선천적인 임계성을 발전시킨다. 지진, 전염병, 뇌의 신경 활동, 산불, 눈사태, 유행, 테러리즘, 삶 등은 결정적인 한계까지 팽창하는 역동적인 과정이다. 겨울에 꽁꽁 언 연못 위를 걸어서 지나가는 것은 두 가지 관점에서 임계 시스템과 과정의 전형적인 특징을 보여주는 좋은 예시다. 클라우스가 매 겨울마다 가장 먼저 연못의 얼음 위를 건넜을 때, 그 결과가 어땠는지는 잘 기억이 나지 않는다. 클라우스는 연못을 끝까지 건너는 데 성공했었나? 아니면 얼음이 깨져 연못에 빠졌었나? 임계 시스템에서는 아주 작은 변화만으로도 완전히 다른 결과가 나올 수 있다. 사고실험으로 이를 증명하고 싶다면, 클라우스가 각기 다른 강도의 얼음 위를 여러 번 달리도록 상상하고 얼음이 깨져 그가 물속에 빠질 가능성을 따져 보면 된다.

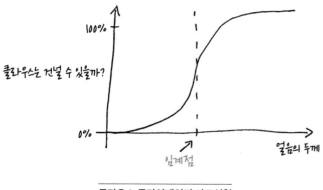

100%

클라우스는 건널 수 있을까?

0%

임계점

얼음의 두께

클라우스 클라인베히터 사고실험

그러면 위의 그림과 같은 결과를 얻게 될 것이다. 이런 곡선을 S자형^{Sigmoid}이라고 한다. 이 표에서 중요한 얼음의 강도와 얼음이 깨질 가능성의 의존성은 중간 부분에서 나타난다. 이 중간 부분, 즉 임계 영역에서 클라우스가 움직인다. 그리고 이 영역 어딘가에 임계점이 있다. 임계점은 예측 가능성이 가장 낮은 지점을 말한다. 그런데 클라우스는 왜 이 영역에서 달려야 할까? 우선 당연한 말이지만 표의 왼쪽 부분은 얼음이 너무 약해 클라우스의 무게를 지탱하지 못할 것이 자명하다. 반면 오른쪽 부분은 클라우스뿐만이 아니라 모든 아이들이 아무런 문제없이 연못을 건널 수 있을 정도로 얼음의 강도가 세다.

여기서 '얼음'은 임계상태와 연관이 있다. 다른 대부분의 화학물질과 마찬가지로 물이 세 가지 응집 상태를 보인다는 사실은 누구나 알고 있다. 고체, 액체, 그리고 기체다. 외부의 압력이 일반적인 현실과 같은 수준이라면 물은 섭씨 100도에서 끓기 시작해 기체로 바뀐다. 그리고 0도에서 얼어 고체인 얼음이 된다. 액체였던 물이 기체 혹은 고체로 바뀌는 그 순간이 임계점이다. 외부 조건이 아주 조금만 변해도 물의 물리적인 특성이 극단적으로 변할 수 있다. 일상에서 늘 벌어지는 일이기 때문에 우리는 이런 일들에 대단히 익숙하다. 이런 경험에 근거해 우리는 온도가 낮아질수록 물이 서서히 단단해지며 모습이 바뀌는 과정을 상상할 수 있다. 이처럼 물은 주변 환경에 따라 모습이 점진적으로 변한다. 그런데 압력이 극단적으로 낮으면(예를 들어 0.006바 정도) 물은 기체에서 곧바로 고체로 바뀔 수 있다. 이 정도 압력에서는 물이 액체로 존재할 수 없다. 한편 온도가 섭씨 373도 이상이 되면 액체와 기체 사이의 변화가 일어나지 않는다. 즉, 물의 특성은 압력과 온도의 영향을 받으며 서서히 변화하지 갑자기 변하지 않는다. 압력이 높거나 기온이 높으면 물은 초임계 상태가 된다. 우리는 심해에서 발견되는 열수분출공, 이른바 블랙 스모커^{Black} ^{smoker}* 로 초임계 상태의 유체를 확인할 수 있다.

여러 응집 상태에 어떤 물리법칙이 작용하는지에 관해서는 다

---

* 해저의 지각 속에 있던 마그마가 바닷물과 만나 식으면서 검은 연기 같은 것이 발생해 솟아오르는 것.

양한 책에 언급되어 있는데, 흥미롭게도 우리가 매일 접하는 물질인 '물'은 여전히 그 수수께끼가 다 풀리지 않은 상태다. 다시 한 번 강조하자면, 임계점에 도달했을 때 조건이 아주 약간 변화하는 것만으로 거대한 효과가 발생하는 것은 아주 자연스럽고 당연한 일이다. 우리는 이것을 생물학, 생태학, 사회학, 사회현상 등 각기 다른 분야에서 관찰할 수 있다. 반딧불이들이 어느 순간 동기화하거나 스라소니와 눈덧신토끼의 개체 수 변화에 서로 연관성이 있다는 것은 우리가 이미 알고 있는 사실이다. 앞으로 동물과 인간의 집단행동이나 의견의 확산, 소셜 미디어를 통한 '가짜 뉴스'의 확산, 우리 사회의 정치적 양극화에 대해 더 자세히 알아볼 것이다. 이 모든 현상에는 임계점에 다다랐을 때의 상전이Phase transition* 가 있다.

자기조직화 임계성

흥미롭게도 스스로 자신의 임계점을 '찾는' 것처럼 보이는 여러 복잡하고 역동적인 시스템이 있다. 이런 시스템은 그 어떤 외부

---

* 어떤 상태나 물질이 임계점(임계 조건) 전후로 크게 달라지는 현상.

적인 영향 없이도 임계점 쪽으로 '움직여서' 그 상태를 유지한다. 응집 상태를 외부의 압력과 온도에 따라 알 수 있으며 조건을 정확히 맞추는 것만으로도 임계점에 다다라 상전이가 발생하는 물과 달리 수많은 자연의 시스템이 스스로 임계상태에 도달한다. 자기 스스로를 끝까지 내모는 것이다!

아주 좋은 예시가 코로나19 팬데믹이다. 2020년 초 첫 번째 대규모 감염이 발생한 다음 많은 사람들이 '감염재생산 지수'라는 용어를 알게 됐다. 감염재생산 지수란 코로나19에 감염된 사람이 평균적으로 감염시킬 수 있는 2차 감염자의 수를 말한다. 감염재생산 지수가 2라면 8명의 감염자가 16명을 감염시킬 수 있고, 16명이 다시 32명을 감염시킬 수 있고, 그다음 64명을 감염시킬 수 있다는 뜻이다. 이에 따라 감염자의 수는 빠르게(지수적으로) 상승한다. 반대로 감염재생산 지수가 0.5라면, 8명의 감염자가 다시 감염시킬 수 있는 사람의 수는 4명에 그친다. 그다음 감염자는 둘로 줄어든다. 결국 전염병이 폭발적으로 증가할지 아니면 감염의 확산이 점점 줄어들지를 결정하는 감염재생산 지수의 아주 중요한 임계값이 1이라는 뜻이다.

여러 과학자와 정치인들이 감염재생산 지수를 1 이하로 유지하는 것이 얼마나 중요한지 강조하는 말을 여러 번 들어보았을 것이다. 감염재생산 지수는 코로나19 팬데믹 상황에만 쓰이는

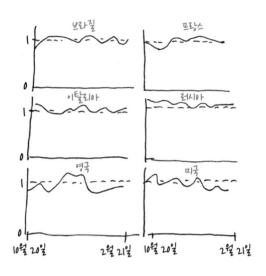

여러 국가의 감염재생산 지수 그래프

것이 아니라 전염병학 분야에서 아주 중요한 매개변수다. 질병이나 병원체의 종류와 상관없이 해당 전염병이 확산할지, 아니면 병원체가 저절로 사라질지를 결정하기 때문이다.

팬데믹이 발생하면 전문가들은 감염재생산 지수를 주시한다. 예방접종이 대대적으로 시행되어 팬데믹을 저지하는 데 영향을 미치기 전까지 감염재생산 지수는 1을 기준으로 약간 높아지거나 약간 낮아지기를 반복한다. 1보다 높아지면 갑자기 감염자의 수가 증가하고, 1보다 낮아지면 감염자의 수가 줄어든다. 우연일까? 아니면 그 뒤에 무언가가 숨겨져 있는 걸까? 곧 알게 되겠지만 전체 시스템의 역동성은 스스로 임계 범위를 찾는데, 이때 필연적으로 임계값 근처에서 마치 진자처럼 움직인다. 이를 제대로 이해하기 위해서는 시간을 약 100년 전으로 거슬러 올라가야 한다.

SIR 모델과 감염성 질병의 확산

약 100년쯤 전에 스코틀랜드 출신의 의사이자 전염병학자인 앤더슨 맥켄드릭과 생화학자인 윌리엄 커맥William Kermack이 전염성 질병의 확산에 관해 연구했다. 이들은 여러 실험과 증명 과정을 거쳐 전염병의 역학을 설명하는 수학적인 기본 모델을 만들어냈다.[1] 오늘날 우리가 사용하는 모델 중 대다수가 두 선구자가 만든 모델을 기반으로 한다.

두 학자는 전염병이 그 병을 일으킨 병원체와 상관없이 대부분 비슷한 양상을 띠며 퍼져 나간다는 사실에 주목했다. 그래서 두 사람은 간단한 수학적 모델로 전염병의 근본적인 요소를 나타낼 수 있을 것이라 보고 'SIR 모델'이라는 것을 만들었다. 이 모델은 세 가지 각기 다른 그룹을 나타낸다. S는 감염대상군Susceptible으로, 앞으로 감염될 수 있는 사람들을 뜻한다. I는 감염군

맥켄드릭과 커맥이 고안한 SIR 모델은 두 가지 근본적인 반응에 대한 어떤 전염병의 역학을 수학적으로 나타낸 것이다. 우선 건강한 사람이 감염된 사람을 만나면 전염이 발생해 건강했던 사람이 질병에 감염된다. 이렇게 질병에 걸린 사람은 면역을 얻거나 사망하여 전염병 사이클에서 '제외'된다.

Infectious 으로, 이미 감염되어 다른 사람들을 감염시킬 수 있는 사람들을 뜻한다. R은 회복군Recovered 으로, 감염에서 회복되어 더 이상 질병의 감염과 확산에 영향을 미치지 않는 사람들을 뜻한다.

SIR 모델은 두 가지 간단한 반응을 기초로 한다. 질병의 전염은 다음과 같은 반응식으로 나타낼 수 있다.

$$S + I \rightarrow 2I$$

글로 풀어서 설명하자면, 감염된 사람(I)이 건강한 사람(S)을 만나면 특정한 확률로 S가 감염되어 I로 변한다. 두 번째 반응식은 다음과 같다.

$$I \rightarrow R$$

이것은 감염된 사람이 일정 기간이 지나면 R, 즉 회복군으로 변한다는 뜻이다. I는 면역을 얻거나 사망하여 R이 된다. 어떤 경우든 R은 더 이상 전염병의 확산에 관여하지 않는다. 물론 이것은 간단한 식으로 나타낸 것이고 '실제' 전염병은 훨씬 복잡하다. 바이러스에 따라 사람들의 행동과 반응 또한 달라진다. 바이러스의 잠복기 또한 각기 다르며 모든 사람이 서로 접촉하지도 않는다. 지난 장에서 살펴보았듯이 전염병 확산에는 사람 간의 접촉 연결망이 중요한 역할을 한다. SIR 모델은 이런 모든 상세한 내용은 무시한 채 전염병의 역학과 관련된 가장 근본적이고 중요한 내용만을 나타낸다. SIR 모델에는 두 가지 중요한 매개변수가 있다. 바로 시간 T와 감염된 사람이 또 다시 감염시킬 수 있는 사람의 수, 즉 감염재생산 지수다.

당연한 말이지만 감염재생산 지수는 인구 중 얼마나 많은 사람들이 감염될 수 있느냐에 따라 달라진다. 예를 들어 예방접종

등을 통해 면역력을 갖춘 사람들이 더 많을수록 감염자의 수는 줄어든다. 커맥과 맥켄드릭은 가장 기본적인 기초 감염재생산 지수를 R_0으로 표기했다. 이는 면역을 가진 사람이 0명이어서 모든 사람이 질병에 노출될 수 있다는 것을 전제로, 한 사람이 감염시킬 수 있는 다른 사람의 수를 나타낸다. 전염병학에서 R_0은 전염 가능한 병원체를 나타내는 가장 중요한 지표이며 질병이 얼마나 빨리 퍼질 수 있는지를 알려 주는 척도다. 예를 들어 홍역은 전염성이 강해 기초 감염재생산 지수가 12에서 18 정도다. 코로나 바이러스는 3.3에서 5.7 정도다. 독감 바이러스의 경우 1~2 정도다. 간단한 반응 도표를 수학적인 방정식으로 나타내면 전염병의 진행을 특정한 값으로 계산할 수 있고 이를 실제 전염병과 비교할 수 있다. 기초 감염재생산 지수가 1일 때 소수의 감염자들이 있다고 치자. 앞서 언급한 모델에 따르면 전염병은 전형적으로 초반에 급격하게 퍼진다. 감염자의 수는 곧 최대치에 달한 다음 서서히 줄어든다. 감염자의 수가 폭발적으로 증가하다 보면 곧 남은 인구 중 감염될 가능성이 있는 사람의 수가 줄어들기 때문이다. 어느 정도 기간 만에 감염자의 수가 최대치에 도달할 것인지, 그리고 그 수가 얼마나 많은 것인지를 알려 주는 것이 매개변수 T와 R_0이다. 일반적으로는 누가 누구를 감염시켰는지 알 수 없기 때문에 R_0을 정확히 측정할 수 없다. 이때 SIR 모델을 활용해 얻은 수치를 실제 전염병 곡선과 비교한 다음 필요한 값을 도출할 수 있다.

SIR 모델은 임계값인 $R_0 = 1$이 전혀 다른 두 진행 방향으로 나뉜다는 사실을 보여준다. $R_0 > 1$이라면 전염병이 발생하고, $R_0 < 1$이라면 병원체가 퍼지지 않는다. 따라서 모든 전염성 질병을 차단하려고 애쓸 필요는 없다. 어차피 모든 전염병을 막는 것은 현실적으로도 불가능하다. 다만 우리는 모든 감염자가 평균 한 명의 타인을 초과하여 감염시키지 않도록 주의해야 한다. 그러면 병원체가 퍼질 가능성이 줄어든다.

SIR 모델의 중심 아이디어는 그대로 다른 임계 시스템에 활용될 수 있다. '감염'과 '회복'이라는 메커니즘은 어디서든 쉽게 적용될 수 있기 때문이다. 코로나19 팬데믹과 관련한 열린 토론 자

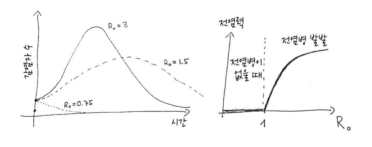

왼쪽: SIR 모델의 전형적인 전염병 곡선. 오른쪽: R_0의 함수로 보는 전염력. 임계값은 1이다. 임계값 전후로는 작은 변화로도 큰 효과가 나타난다.

리에서 나는 계속해서 산불과의 유사성을 강조했는데, 산불 또한 전염병과 매우 흡사한 법칙을 따른다. 방지할 방법이 없다면 초목이 두터운 산에서 난 불은 전염병처럼 급속하게 번진다.

산불 모델과 집단면역

방대한 숲이 작은 구역으로 촘촘히 나뉘어 있다고 상상해 보자. 각 구역은 두 가지 상태일 수 있다. 하나는 불타는 상태(전염병으로 치자면 감염군)이고, 다른 하나는 불타지 않는 상태(감염대상군)다. 불타는 구역은 근접한 '건강한' 구역을 '감염시킬' 가능성이 높다. 불이 붙은 구역은 일정 시간 동안 불에 탄다. 모든 것이 불에 타서 재만 남게 되면 불은 곧 꺼진다. 만약 어떤 한 구역이 근접한 구역에 불을 옮기기 전에 빠른 속도로 불에 타버린다면 산불은 더 이상 번지지 않을 것이다. 전염병과 마찬가지로 산불 또한 단 한 가지 중심적인 매개변수로 결정되는 위험한 현상이다.

산불 모델은 우리에게 또 다른 중요한 지식을 알려준다. 나뉜 구역 중 일부는 나무가 울창하고, 일부는 빈터라고 치자. 어떤 곳이 울창하고, 어떤 곳이 빈터인지는 전부 임의로 결정된다. 단, 당연히 나무가 있는 구역만 불에 탈 수 있다. 산불 모델에서 우

148

리는 얼마나 많은 인접한 구역이 울창한 숲일지를 매개변수로서 설정할 수 있다. 처음에는 한 구역에만 불이 나도록 한다. 불은 곧 인접한 다른 구역으로 옮겨 간다. 만약 나무가 울창한 부분이 90% 정도라면 불은 순식간에 숲 전체로 번진다. 그런데 만약 20%만 나무가 있다면 불이 더 이상 번질 수 없다. 인접한 구역에 나무가 없기 때문이다.

이 간략한 모델에서 숲의 임계밀도를 찾을 수 있을까? 아마 사람들은 대략 50% 정도라고 추측할 것이다. 실제로 임계밀도는 대

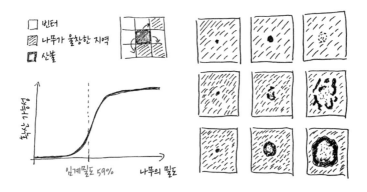

간략하게 나타낸 산불 모델. 왼쪽 표의 네모는 세 가지 상태를 나타낸다. 하얀 네모는 빈터, 빗금 네모는 나무가 울창한 지역, 검은 네모는 불에 타고 있는 지역이다. 불에 타고 있는 지역은 인근 지역에 불을 옮길 수 있다. 오른쪽 이미지는 만약 나무의 밀도가 높을 경우 산불이 걷잡을 수 없이 번질 수 있다는 사실을 나타낸다(왼쪽에서 오른쪽으로 갈수록 시간의 흐름에 따른 변화). 맨 아랫줄은 나무의 밀도가 가장 많을 때의 상황을 보여준다. 만약 숲에 나무가 그리 많지 않다면 산불은 시간이 지날수록 점차 약해진다(가장 윗줄). 임계밀도는 59%다(가운뎃줄).

략 59.27%다. 이를 수학적으로 증명하기는 쉽지 않지만 요즘은 컴퓨터 시뮬레이션으로 임계값을 구할 수 있다. 위 이미지는 각기 다른 숲의 밀도에 따른 산불 모델을 시뮬레이션한 것이다.

산불 모델은 집단면역의 효과를 명확하게 보여준다. 산불 모델을 전염병학의 맥락에서 해석하면 예방접종의 효과를 잘 알 수 있다. 예방접종을 받은 사람은 더 이상 감염 발생에 관여하지 않는다. 접종을 받은 사람들은 감염되지도, 타인을 감염시키지도 않기 때문이다. 병원체의 입장에서 보자면, 접종을 받은 사람은 나무가 없는 빈터와 마찬가지다. 각 노드가 사람을 나타내는 연결망 모델을 상상해 보자. 노드 간의 연결은 두 사람 사이의 접촉을 나타낸다. 각 노드의 평균적인 연결은 3개라고 가정하자. 연결망은 하나의 전체로서 결합되어 있고, 모든 노드는 금방 임의의 다른 노드와 연결될 수 있다. 이렇게 강력하고 복잡하게 연결되어 있는 구조에서는 병원체가 빠르게, 아무런 어려움 없이 쉽게 퍼진다. 모든 노드가 최소 3개의 연결을 갖고 있기 때문이다. 이때 임의로 고른 노드 몇 개에 '예방접종'을 하면 해당 노드는 물론 그 노드와 연결된 다른 노드들도 연결망에서 제거할 수 있다. 어느 순간부터는 전체 연결망이 작은 조각으로 흩어진다. 병원체는 더 이상 확산하지 않는다. 연결망 내에서 서로 이어져 있던 부분들이 다시 조각으로 나뉘는 일은 연속적으로 발생하는 일이 아니라 갑자기 발생하는 일이다.

팬데믹과 우리들

커맥과 맥켄드릭이 고안한 SIR 모델은 특히 전염병의 확산과 관련한 중요한 특징을 보여준다. 그런데 이 모델은 아주 결정적인 요소 하나를 고려하지 않는다. 바로 팬데믹에 대한 우리의 반응이다. 우리는 의식적으로 행동하는 주체이고 정보력을 갖춘 숙주이며 팬데믹에 대해 나름의 반응을 보일 수 있다.

팬데믹에 대한 사회적인 피드백은 SIR 모델에 포함되지 않는다. SIR 모델은 그저 우리가 알아채거나 반응하지 못하는 질병의 확산만을 묘사할 뿐이다. 우리는 사고실험으로 코로나 바이러스 중 가벼운 증상만을 일으키는 온건한 종류 하나가 어떻게 확산하는지 알아볼 수 있다. 바이러스가 어떻게 확산하는지 알아보는 데서 그친다면, 바이러스의 입장에서는 이상적인 상황일 것이다. 우리가 바이러스의 확산만을 알아볼 뿐 바이러스와 싸울 방법을 생각하지는 않기 때문이다. 어쨌든 사고실험을 진행해 보자. 코로나 바이러스의 기초 감염재생산 지수 R_0은 3.3에서 5.7 사이다. 중간값인 4라고 생각해 보자. 감염이 지속되는 기간은 14일이다.

만약 이 온건한 코로나 바이러스가 독일에서 아무런 방해 없이 퍼졌다면 8주 안에 팬데믹 최고치에 도달했을 것이다. 독일 내에서 팬데믹의 최고치란 3,000만 명이 동시에 감염되고 하루 감염자의 수가 3만 명에 이를 때를 말한다. 다만 온건한 바이러스의 경우 약 150일 정도 지나면 서서히 사라진다. 인구 8,300만 명 중 150만 명 정도만이 감염되지 않고 지나갈 것이다.

그러나 현실은 전혀 다르다. SARS-CoV-2 바이러스가 독일에 도착해 감염자의 수가 늘어나자 사회와 정치인들이 반응하기 시작했고, 자발적인 혹은 법적으로 부과된 사회적 거리두기 덕분에 감염재생산 지수가 줄어들었다. 2020년 3월 말에는 감염재생산 지수가 1 이하였고 첫 번째 대규모 감염이 서서히 잦아들었다. 점점 줄어들던 감염자의 수는 여름이 되자 최저치에 도달했다. 이쯤 되자 각종 제한 정책을 완화해야 한다는 목소리가 커지기 시작했다. 경제적인 피해와 개인적인 피해가 상당했기 때문이다. 그런데 거리두기 정책을 완화하자 감염재생산 지수가 다시 높아졌고 코로나 바이러스가 재차 기승을 부리기 시작했다. 이에 따라 사람들은 다시 사회적 거리두기 및 접촉 제한 등의 정책으로 반응했다. 두 번째 락다운이 시행되었고 감염자의 수는 줄어들었다. 그리고 정책을 완화하자마자 세 번째 대규모 감염이 발생했고 사람들은 이를 막기 위해 다시금 강력한 정책을 시행했다. 마치 요요처럼 락다운과 정책 완화가 계속 되풀이된 것이다.

팬데믹과 사회적인 행동 변화의 반복은 활성제-억제제 시스템을 따른다. 우리가 이미 2장 조화에서 눈덧신토끼와 스라소니의 개체 수 변화를 나타낸 로트카-볼테라 모델에서 배웠듯이 말이다. 스라소니와 눈덧신토끼의 개체 수가 서로 엎치락뒤치락하며 변하듯이 코로나19 팬데믹이 감염자 수 증가와 감소를 반복하며 진행되는 것 또한 놀라운 현상은 아니다.

전 세계 여러 나라에서 팬데믹의 진행 양상이 각기 달랐지만 동적 균형Dynamic balance은 늘 같았다. 감염재생산 지수가 임계값인 1 근처에서 오르락내리락하면 이에 따라 바이러스가 확산했다가 정책 및 조치가 시행되어 감염자의 수가 줄어들기를 반복한다. 팬데믹과 사회적 반응 사이의 피드백 과정은 필연적으로 전체 시스템이 스스로 임계점으로 움직이는 모습을 보인다.

우리는 항상 팬데믹을 총체적인 시스템으로 간주하고 각 개개인의 행동과 결정을 모델화할 수 없더라도 사회의 반응을 역학관계에 반영해야 한다. 그런데 자기조직화 임계성Self-Organizd Criticality은 얼마나 전형적이고 자연스러울까?

모래더미와 산불

1987년에 덴마크의 물리학자 페르 박이 앞선 질문을 탐구했다. 그는 자연적인 것이든 사회적인 것이든 복잡하고 역동적인 시스템이야말로 스스로 자신의 임계점을 발전시키는 경향이 있다고 생각했다. 박은 한편으로는 사람들이 수학적으로 다룰 수 있을 정도로 개념을 간단하게 구축할 수 있으며, 다른 한편으로는 모든 특정한 상황에 쉽게 적용할 수 있는 보편적인 모델을 개발하려고 노력했다. 그가 '발명한' 것이 바로 모래더미다. 박이 미국의 물리학자 커트 비젠펠드Kurt Wiesenfeld와 중국의 물리학자 탕차오Tang Chao와 함께 개발한 이 모델은 박-탕-비젠펠드 모래더미 혹은 '아벨 모래더미 모델Abelian Sandpile model'이라고 불린다.[2] 이 추상적인 모델은 원뿔 모양으로 쌓인 모래더미에 모래알을 서서히 떨어뜨릴 때 점진적으로 발생하는 변화를 나타낸다. 아마 누구나 모래시계에서 이런 현상을 관찰한 적이 있을 것이다. 모래시계 아래쪽에 쌓이는 모래는 처음에는 완만한 언덕 모양이다가 모래가 쌓이면서 점차 원뿔 모양으로 바뀐다. 그런데 이 원뿔 위에 계속해서 모래알이 떨어지면 어느 순간 산사태가 나듯이 모래더미가 무너진다. 그러면 모래는 다시 완만한 언덕 모양으로 바뀐다. 모래가 쌓였다가 무너지는 과정이 처음부터 다시 되풀이된다. 이

것이 '동적 균형'이다. 원뿔 모양으로 쌓인 모래더미의 옆면은 한계에 다다를수록 점점 가팔라진다.

독일의 물리학자 바르바라 드로셀Barbara Drossel은 이 모델을 기반으로 적용 가능한 범위가 더 넓은 비슷한 산불 모델Forest-fire model을 개발했다. 드로셀은 1992년에 산불을 연구하기 위해 이 모델을 만들었는데,[3] 해당 모델은 아벨 모래더미 모델보다 조금 더 복잡하다. 드로셀 모델은 숲을 나타낸다. 숲의 각 구역은 인접한 빈터까지 영역을 넓혀 식물이 번식하도록 하고, 이에 따라 점차 전체 구역이 울창해진다. 그다음 매우 드문 일이기는 하지만 번개 때문에 숲의 한 구역에서 우연히 산불이 발생해 인접한 구역까지 전부 집어삼켰다고 하자. 장기적인 관점에서 보면 숲이라는 시스템은 동적 균형을 가운데 두고 이리저리 기울어진다. 저울의 한쪽에는 다시 울창하게 자라는 숲이 있고, 다른 한쪽에는 산불로 피해를 입은 숲이 있는 셈이다. 이런 동적 균형에서 숲의 밀도는 임계밀도와 같다. 숲의 밀도가 높은 곳에서는 산불이 넓게 번지지만 동떨어져 있는 구역에는 불이 옮아 붙지 않는다.

직관적으로 보면 시스템이 스스로 임계점을 찾아 움직이며 시스템 내의 여러 현상이 서로를 조절하는 메커니즘은 매우 당연하다. 코로나19 팬데믹이든 모래더미든 산불이든 모두 비슷한 양상을 보인다. 임계점에 도달하고서 마치 마법처럼 상태를 회복하는 시스템은 우리에게 과연 무엇을 보여줄까? 놀랍게도 여러 시스템이 임계점에서 보편적인 특성을 보이는데, 이런 특성은 그 시스템이 물리적인 것이든, 생물학적인 것이든, 생태학적인 것이든 아니면 사회적인 것이든 상관없이 나타난다. 모든 시스템은 자신이 임계점에 도달했다는 신호를 보낸다. 어떤 조건에서 시스템이 임계상태에 도달하는지를 정확히 알 수 없을 때이런 신호가 매우 중요한 역할을 한다. 물과 달리, 생태학적인 과정이나 사회적인 과정을 두고 모든 조건을 제어한 실험을 진행해 임계 범위를 측정할 방법은 없다.

임계점에 도달한 역동적인 시스템이 보이는 명백한 특징은 매우 강한 '변동'이다. 이것은 무슨 뜻일까? 간단한 모래더미 모델에서 우리는 모래더미에서 발생하는 작은 산사태가 얼마나 큰지파악할 수 있다. 예를 들어 모래더미의 산사태에 포함된 모래알의 수가 몇 개인지를 센다면 그것이 얼마나 많은지 알 수 있다. 산사태의 규모를 도수분포표로 나타내면 그것이 이미 3장 복잡한 연결망에서 배운 수학적 법칙, 바로 멱법칙을 따르고 있음을 보여준다. 척도 없는 연결망에서는 극소수의 노드만이 다른 노드와 빈번하게 연결되고 대다수의 노드는 적게 연결된다. 부자는 더 부유해지는 효과 때문이다. 모래더미에서 발생하는 산사태의 규모도 이와 비슷하다. 작은 산사태는 수도 없이 많이 발생하고, 큰 산사태는 아주 가끔 발생한다. 모래더미의 경사면에서는 계속해서 중간 정도의 산사태가 발생하며 모래가 아래로 떨어지기 때문에 임계 균형이 유지될 수 있다.

번개로 인해 발생한 산불의 확산을 측정한다면 바르바라 드로셀의 산불 모델에서도 이와 똑같은 법칙을 찾을 수 있다. 물론 모래더미 모델과 드로셀의 산불 모델은 어처구니없을 정도로 간략화한 현실을 보여준다. 그 어떤 숲도 정확하게 자로 잰 것처럼 정사각형 모양으로 생기지 않았다. 그런데 놀랍게도 산불이 난 지역의 위성사진을 분석하면 산불 모델을 정확하게 확인할 수 있

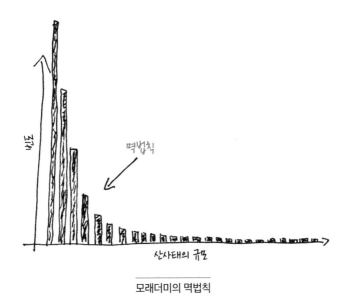

모래더미의 멱법칙

다. 우리는 실험을 거쳐 수많은 다른 시스템의 보편적인 멱법칙을 찾아낼 수 있다. 또 다른 예시가 바로 지진이다. 지진의 강도 또한 동일한 법칙을 따른다. 대부분의 수많은 지진은 강도가 약한 것들인데, 이것이 곧 드물지만 강력한 지진으로 바뀐다. 지진의 효과를 설명하는 데도 매우 단순화된 수학적 모델이 사용된다. 이 모델 또한 많은 상세한 사항을 무시한다.

진화 과정: 점진적 진화와 비약적 진화

산불, 팬데믹, 지진은 누구나 인정하는 대재난이다. 그런데 삶 자체도 근본적으로는 임계현상이다. 지질학적으로 이 세상에는 항상 새로운 종이 생겨나고 어떤 종은 멸종했다. 찰스 다윈은 이런 진화 과정을 설명하고자 과학적인 이론을 만들었다. 우연히 생겨난 유전적 돌연변이가 새로운 종이 되고, 선택되어 살아남는다. 이들이 주변 환경에 더 잘 적응했기 때문이다. 다윈의 이론은 진화 과정을 점진적인 것이라 설명한다. 끊임없이 작은 변화가 일어나는 과정이라는 것이다. 고생물학적 소견에 따르면 새로운 종이란 비교적 짧은 시간 내에 갑자기 생겨나는 것이었음에도 말이다. 이에 따르면 약 5억 년 전(캄브리아기가 시작된 시기)에, 지질학

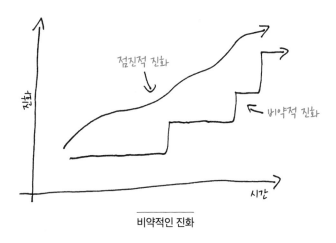

점진적 진화

비약적 진화

진화

시간

비약적인 진화

적으로 아주 짧은 시간인 대략 500만 년에서 1,000만 년 사이에 오늘날 존재하는 모든 동물의 뿌리가 발생했다. 그래서 캄브리아기를 생물종의 대폭발 시기라고 부른다. 1972년에 미국의 고생물학자 스티븐 제이 굴드[Stephen Jay Gould]와 닐스 엘드리지[Niles Eldredge]는 「단속평형설: 계통점진설의 대안[Punctuated Equilibria: An Alternative to Phyletic Gradualism]」이라는 논문을 발표하며 진화 과정에서는 점진적인 변화가 발생한다는 생각을 깨뜨렸다. 두 사람은 생물종이 오랜 시간 동안 아무런 변화가 없는 안정적인 상태를 유지하다가 어느 순간 비약적으로 변화한다고 주장했다.

'단속평형설' 이론은 당시에도 그리고 지금까지도 진화이론학자들 사이에서 논쟁의 중심이 되고 있다. 진화 과정을 간략하게 나타내는 전통적인 수학적 모델로는 안정적인 상태가 갑자기 빠르고 비약적인 종의 대폭발로 변하는 단계를 설명하지 못한다. 1993년에는 페르 박이 덴마크 출신의 동료인 킴 스네펜^{Kim Sneppen}과 함께 다시금 종의 진화에 적용할 수 있는 간단한 수학적 모델을 개발했다.[5] 이 모델은 각 종이 진화 과정의 간단한 원칙에 따라 바뀔 수 있는 합목적성을 지닌다고 설명한다. 그런데 박-스네펜 진화 모델^{Bak-Sneppen Evolution model}에서는 한 종의 변화한 합목적성이 원시적인 종과 상호작용을 할 수 있는 다른 종의 합목적성에 영향을 미친다. 이쯤에서 우리는 다시 연결망 모델을 떠올려야 한다. 컴퓨터 시뮬레이션에서 박-스네펜 진화 모델은 견고함과 비약적 변화의 명제 단계를 명확하게 보여준다. 대부분의 시간 동안 작은 변화는 작은 효과를 보이는데, 그러다가 갑자기 어느 순간 비약적인 진화가 발생한다.

박-스네펜 진화 모델은 또한 필연적으로 생물종 자체에서 나타나는 임계 행동을 나타낸다. 이 모델이 보이는 관점은 화석 연구 결과로 뒷받침된다. 화석은 생물종이 시간이 지나면서 어떻게 멸종했는지를 보여준다. 화석 형성은 특정한 시간 단위마다 발생하는 점진적인 과정이 아니라 단번에 발생하는 일이다. 그 규모 또한 모래더미의 산사태나 산불처럼 멱법칙을 따른다.

오늘날 우리는 과거에 여러 차례 대멸종이 진행되었다는 사실을 알고 있다. 마지막으로 발생한 대멸종은 약 6,500만 년 전에 운석이 지구에 떨어졌을 때 공룡이 멸종하고 그 여파로 다른 종이 멸종한 일이다. 2억 5,200만 년 전에는 사상 가장 큰 규모의 대멸종이 발생했다. 당시에는 바다 생물의 95%, 육지 동물의 4분의 3이 사라졌다. 이 사건이 생물권에 미친 영향은 실로 대단해서 대기 중의 산소가 절반 이하로 줄어들기도 했다. 이외에도 작은 규모의 대멸종이 수없이 많이 발생했다. 모든 멸종 사건의 빈도를 조사하면 한 가지 드러나는 것이 있다. 바로 멱법칙이다.

진화의 메커니즘은 사회의 발달 과정에도 나타난다. 사회의 혁신 또한 생물의 진화와 아주 비슷한 근본 법칙에 따라 시작되기 때문이다. 기술은 변하고 최적화되고 계속해서 사용자의 요구에 맞춰진다. 사람들은 이 과정 또한 점진적으로 발생한다고 생각할지 모른다. 그러나 당연하게도 우리는 기술적 진보가 점진적임과 동시에 비약적으로 시작된다는 사실 또한 알고 있다. 예를 들어 휴대전화용 터치스크린의 발명이다. 이것은 한편으로는 새로운 기술적 도약임과 동시에 다른 한편으로는 낡은 기술의 '멸종'을 초래할 수 있다. 혁신의 도약과 지식의 진보는 동일한 법칙을 따른다. 바로 단속평형설과 멱법칙이다.

인류 역사상 가장 어두운 부분이라고 할 수 있는 테러 또한 임계성의 근본적인 법칙을 따른다. 2007년에 미국의 컴퓨터 과학

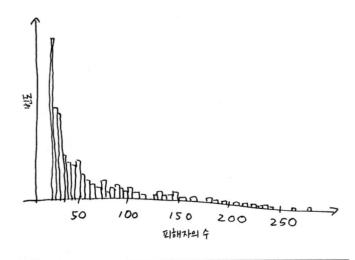

테러 공격의 피해자의 수를 도수분포표로 정리하면 이것이 보편적인 멱법칙을 따른다는 사실을 알 수 있다.

자 에런 클로셋Aaron Clauset은 1968년부터 180여 개국에서 발생한 테러 공격 3만 건가량을 컴퓨터 데이터로 정리했다.[6] 클로셋은 테러 공격으로 인한 부상자와 사망자의 수를 근거로 공격이 얼마나 강력한 것이었는지를 도수분포표로 정리했고, 그 결과 또한 보편적인 멱법칙을 따랐다.

작은 부분과 전체: 프랙털 구조

사람들이 임계현상에서 관찰하고 논의한 멱법칙은 거의 대부분의 경우 사건의 시간적 차원과 연관이 있다. 우리는 어떤 사건이 특정한 규모, 강도, 혹은 집약도로 발생하는 빈도를 탐구할 수 있다. 수학 법칙 단 하나로 보편성을 이끌어내려고 한다면 대담한 시도일 것이다. 그렇다면 임계현상에는 또 다른 특성이 있을까? 자연을 관찰하고 자연의 여러 특성을 말로 정리해야 한다면 우리는 곧 '구조'라는 개념을 떠올릴 것이다. 자연의 많은 것들이 대단히 구조적이기 때문이다. 또 이런 구조의 작은 부분이 규모만 작을 뿐 전체의 특성과 똑같은 모습도 자주 눈에 띈다.

나무줄기는 두꺼운 가지 여러 개로 나뉘고, 이 두꺼운 가지는 다시 얇은 가지 여러 개로 나뉜다. 이렇게 나뉘어서 갈라지는 과정은 끝에 나뭇잎이 달린 아주 얇은 줄기에 이를 때까지 반복된다. 나뭇가지는 나무라는 전체의 일부이면서 전체인 나무와 같은 특성을 보인다. 이런 간단한 원칙에 따라 다양한 모습으로 성장한 수많은 식물종이 식물의 세계를 이룬다. 식물들은 겉보기에는 서로 다르게 생겼지만 똑같은 법칙에 따라 자란다. 간단한 컴퓨터 프로그램 덕분에 우리는 실제 식물과 비슷한 구조를 만들어낼 수 있다. 예를 들어 가장 굵은 줄기를 만들고 이 줄기

컴퓨터로 그린 서로 닮은 '나무와 풀들'. 이 네 가지 예시는 모두 똑같은 견본에서 파생되었다.

가 곧 작은 가지 3개로 나뉘도록 한다. 이 가지는 줄기와 비교하면 길이도 짧고 특정한 각도로 구부러져 있으며 선택에 따라서는 직경이 점점 줄어들기도 한다. 세 가지의 끝부분에는 다시 각각 3개의 얇은 가지를 붙인다. 이 가지는 원래의 가지와 비슷한 각도로 꺾여 있지만 길이는 더 짧다. 이렇게 계속해서 비슷한 각도로 꺾여 있지만 길이는 짧은 가지가 각 가지의 끝에서 자라나도록 한 모델은 실제 자연의 나무 구조와 매우 흡사하게 생겼다.

이처럼 원래의 구조가 크기만 작아져서 그대로 반복되는 구조를 프랑스의 수학자 브누아 망델브로Benoît Mandelbrot는 '프랙털 구조'라고 불렀으며 자신의 저서 『자연의 프랙털 기하학The Fractal Geometry of Nature』에서 프랙털 구조의 수학적인 특성과 근거를 설명했다. 스마트폰이나 컴퓨터로 '프랙털 이미지'를 검색해 보자. 거의 모든 컴퓨터 그래픽이 간단한 수학적 법칙을 기반으로 하며, 복잡하게 생긴 프랙털 구조의 대부분은 우리가 이미 자연에서 익히 알고 있는 구조를 연상케 한다.

어떤 사건의 경과가 임계점까지 전개되면 프랙털 구조가 빈번하게 나타난다. 앞서 언급한 간단한 산불 모델을 다시 한 번 관찰해 보자. 산불이 퍼지는 순간을 포착해 이미지로 만들면 숲의 밀도가 충분할 경우 산불이 원을 그리며 넓게 퍼진다는 사실을 알 수 있다. 숲의 밀도가 임계점에 가까워지면 산불 모델에서는 굴곡이 있는 프랙털 구조가 나타난다. 이 구조와 실제 산불의 확산 현상을 비교하면 산불을 효과적으로 진압하는 데 도움이 되는 임계점이 존재한다는 것을 알 수 있다. 예를 들어 산불이 점점 확산하며 프랙털 구조를 이루기 시작하는 지점에서 진화를 시작한다면 큰 힘을 들이지 않고도 불길을 잡을 수 있을 것이다.

자연의 성장 과정에서도 프랙털 구조를 관찰할 수 있다. 프랙털 구조는 제한된 자원을 갖고 효율적으로 자라야 하는, 말하자

간단한 산불 모델에서 두 순간을 포착한 이미지. 왼쪽은 숲의 밀도가 높아 산불이 넓게 퍼졌다. 오른쪽은 임계점에서 산불이 프랙털 구조를 보이며 퍼지는 모습이다.

면 비용과 이익의 트레이드오프$^{Trade-off*}$를 고려해야 하는 성장 과정의 전형이기 때문이다. 예를 들어 식물은 최소한의 자원만을 사용해 최대한 넓은 면적을 덮을 정도로 자라야만 햇빛을 많이 받아 광합성을 하고 에너지를 얻을 수 있다. 우리 몸속에 있는 혈관은 최대한 적은 조직을 거쳐 신체의 모든 부분에 도달해야 효율적으로 산소를 전달할 수 있다. 임계 과정의 보편적인 특성 때문에 프랙털 구조는 아주 자연스러우며 어디서나 눈에 띄는 것이다.

또 다른 예시가 있다. 아마 여러분도 "모든 길은 로마로 통한

---

*　한 목표를 달성하려고 하면 다른 목표는 달성이 지연되거나 심지어 희생되는 것을 말한다.

다."라는 말을 들어본 적이 있을 것이다. 독일 출신의 디자이너 베네딕트 그로스^{Benedikt Groß}와 필립 슈미트^{Philipp Schmitt}, 그리고 지리학자 라파엘 라이만^{Raphael Reimann}은 2018년에 과연 이 주장이 맞는 말인지 확인하고자 했다. 이들은 지도 시스템인 오픈스트리트맵^{OpenStreetMap}을 활용했고 유럽 전체의 도로 연결망 중 로마까지 이어지는 가장 짧은 길을 찾아내기 위해 스마트폰의 내비게이션 앱으로 목적지까지 도달하는 가장 효율적인 방법을 알아보았다.

다음의 그림은 각 지역에서부터 로마까지 가는 최단 경로를 이미지화한 것이다. 만약 이런 설명 없이 이 그림을 보았다면 아마 생물학적인 혈관계를 이미지화한 것이라고 오해할지도 모르겠다. 로마로 이어지는 길과 혈관은 겉으로 보기에는 전혀 연관성이 없지만, 그 구조는 매우 유사하다. 두 가지 전혀 다른 시스템이 동일한 근본적인 원칙에 따라 만들어졌기 때문이다.

많은 과학자들이 자기조직화 임계성의 원칙을 기초적인 자연법칙으로 해석되어야 하는 것이라고 생각한다. 즉, 자연의 복잡한 과정을 정의하는 특성이라는 것이다. 그 결과는 무엇일까? 우리는 그것에서부터 무엇을 배울 수 있는가? 어떤 귀납적 추론을 얻을 수 있는가? 산불이나 팬데믹, 테러, 지진 등 대규모 재난에서 멱법칙이 발견된다는 것은 우리가 여태까지 겪었던 사건보다 훨씬 규모가 큰 대재앙이 언젠가 일어날 테니 어떤 반응을 보이

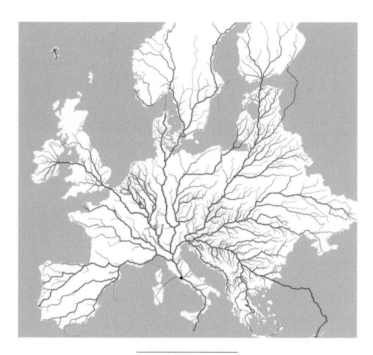

로마로 이어지는 모든 길.

고 어떤 방어 대책을 세울지를 항상 고려해야 한다는 뜻이다. 또 우리 사회의 구조 때문에 자기조직화 임계성을 보이는 상황이 발생했을 때 우리는 올바른 조치를 취하고 미리 계획한 대로 행동에 나서 해당 현상이 임계점에서 멀어지도록 만들어 임계성을 해소해야 한다. 이것은 팬데믹이나 테러, 혹은 통제되지 않은 금융시장처럼 단독으로 혹은 부분적으로 우리 사회에 변화를 일으킬 가능성이 있는 모든 시스템에 해당하는 말이다. 그렇다면 왜 그토록 많은 자연현상에서 자기조직화 임계성이 나타나는 걸까? 이런 특성이 있으면 자연에 어떤 장점이 있는 걸까? 자연계의 변화가 멱법칙을 따른다는 건 자연에서 발생하는 대부분의 변화가 작은 변화이며, 복잡하게 연결된 생태계가 작은 변화를 통해 늘 견고한 균형을 유지하고 있다는 뜻이다. 다른 한편으로 아주 드물지만 강력한 혼란이 발생하면 당황한 시스템은 작은 변화를 통해서는 절대 도달하지 못했을, 새롭고 잠재적으로는 견고한 균형 상태에 도달한다. 자기조직화 임계성이란 단순히 견고함만이 아니라 극단적인 변화를 거쳐 새로운 발전 상태로 나아갈 가능성을 뜻한다.

— 5장 —

티핑 포인트

유리구슬로 기후 위기를
더 잘 이해하는 방법

"혼란스러운 체제의 깊은 곳에서는 거의 항상
가장 작은 구조적 변화가 거대한 행동의 변화로 이어진다."

- 스튜어트 카우프만 Stuart Kauffman, 복잡계 이론생물학자

스스로에게 "나는 어디에서 왔는가?"라고 물은 적이 있는가? 대부분의 사람들이 기억하는 인생의 가장 첫 장면은 아주 희미할 것이다. 인간은 태어나고서 몇 년이 지난 후의 일부터 기억할 수 있기 때문이다. 나의 가장 첫 기억은 세 살 때 덴마크로 휴가를 가서 엄마의 머리에 보치아[*] 공을 던졌던 것이다. 그건 일종의

---

[*]   컬링과 흡사한 패럴림픽의 구기 종목.

실험이었다. 다만 내가 그 사실을 직접 기억하고 있는 건지, 아니면 나중에 일화를 전해듣고서 기억하고 있는 건지는 확실치 않다. 내가 직접 기억하고 있는 것이 확실한 첫 번째 기억은 앞장에서 소개한 클라우스 클라인베히터와 관련된 기억이다. 1973년에 클라우스가 나에게 "넌 몇 살이야?"라고 물었고 나는 손가락을 4개 펴서 내밀었다.

우리는 삶의 시작을 의식적으로 경험하지 않으며 그렇기 때문에 그 시절을 미심쩍어한다. 사람들은 자신의 존재의 시작이 언제냐는 질문에 각기 다른 대답을 한다. 과학적인 대답을 좋아하는 사람이라면 아마 생물 수업 시간에 자세한 내용을 배웠을 것이다. 인간이라는 존재의 시작은 난세포가 정자세포와 만나 모체 내에서 수정되는 순간부터다. 누구나 이 내용을 한 번쯤 배웠을 것이다. 난세포는 어머니로부터 나온다. 그런데 어머니의 난자는 어머니 본인이 배아였을 시절부터 발달한다는 사실을 알고 있었는가? 여성의 난자는 원시생식세포^{Primordial germ cell}에서부터 나오는데, 이 원시생식세포는 사람이 고작 몇 밀리미터 크기인 배아였을 때부터 발달한다. 즉, 여러분의 어머니가 할머니의 배 속에 있었을 때부터 미래에 여러분이 될 난자가 존재했다는 뜻이다. 그러니 우리의 시작은 사실 할머니의 자궁이다. 조금 기묘하게 느껴지긴 한다.

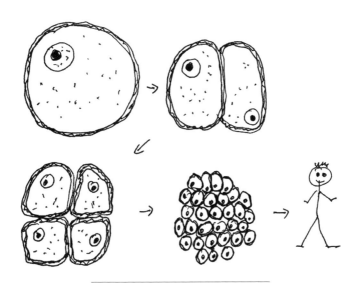

세포분열-수정된 난세포가 인간이 되기까지.

난세포와 정자세포가 합쳐지고 나서 하루 정도가 지나면 세포분열 과정이 시작된다. 수정된 세포는 유전적으로 동일한 세포 2개로 아주 빠르게 나뉜다. 유전적인 설계도가 완전히 똑같은 이 두 세포는 곧 하루 만에 4개의 세포로 나뉜다. 이어 8개, 16개 등 계속해서 세포분열이 일어난다. 얼마 지나지 않아 배아는 겉으로 보기에는 전혀 구분되지 않는 수없이 많은 세포로 이루어지게 된다.

시간을 9개월 뒤로 돌려보자. 배아였던 존재가 아기가 되어 세상에 나온다. 작은 세포 덩어리이던 것이 (거의) 완전한 인간이 된 셈이다. 이제 이 아기가 성인이 될 때까지 기다리자. 성인이 된 사람은 대략 100조 개의 세포로 구성된다. 각각의 세포들은 (소수의 예외가 있지만) 유전적 설계도인 게놈의 복사본을 갖고 있다. 하지만 인간은 어마어마하게 많은 세포들의 덩어리가 아니다. 오히려 그 반대다. 우리는 장기, 뇌, 심장, 폐, 뼈, 피, 구조를 지닌 존재다. 우리의 몸은 약 300개 정도 되는 각기 다른 종류의 세포로 이루어진다.

우리 몸을 구성하는 세포로는 신경세포, 혈세포, 다양한 피부세포, 지방세포(대개의 경우 지방세포가 너무 많다), 근세포(대개의 경우 근세포는 너무 적다) 등이 있다. 종류가 다른 만큼, 이 세포들은

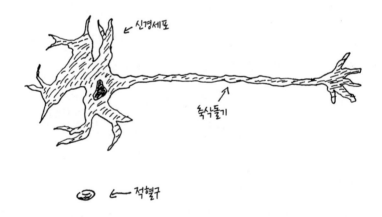

인간을 구성하는 세포 중 두 가지. 신경세포는 매우 복잡한 구조를 보인다. 축삭돌기는 전기신호를 전달한다. 반대로 적혈구는 구조가 매우 간단하다.

하는 일은 물론 모양새도 다르다. 각 신경세포는(우리 뇌와 척수에는 신경세포가 약 1,000억 개 있다) 구조가 매우 복잡하다. 신경세포에 있는 축삭돌기는 전기신호를 전달하는 역할을 하는데, 길이는 1미터까지 이를 수 있으며 지름은 10마이크로미터다(축삭돌기의 지름이 정원용 호스 정도라면 그 길이는 3킬로미터일 것이다). 신경세포는 수명도 길다. 대부분의 신경세포는 다 자란 후 평생 동안 신경계 내에 존재한다. 반면, 산소를 운반하는 역할을 하는 적혈구는 매우 단순하다. 적혈구는 납작한 원반 모양이며 매우 작고 수명은 100일 정도로 짧다. 죽은 적혈구는 골수에서 만들어진 새로운 적혈구로 대체된다. 적혈구는 이동성이 뛰어나다. 60초마다 온몸의 순환계를 한 바퀴 돈다. 혈세포와 신경세포는 동일한 유전적 설계도를 지니고 있지만 이처럼 서로 완전히 다른 존재다. 어떻게 그럴 수 있을까? 배아가 발달하기 시작하면서 작은 세포 덩어리로 모여 있던 각기 다른 세포들이 각자의 역할에 맞게 구조를 이루고 이 모든 세포가 모여 아기가 탄생한다.

배발생과 세포분화

배아가 발달해 완전한 유기체로 성장하는 과정을 우리는 두 가지 측면에서 관찰할 수 있다. 순수한 형태학적인 측면에서 보자면 여러 척추동물의 배아는 어느 정도 유사한 점이 있다. 모든 종의 동물이 하나의 세포부터 시작해서 세포분열을 거치고, 곧 내장과 사지, 머리, 눈 등이 발달하는 식으로 성장한다. 수정 후 얼마 지나지 않은 초기 단계의 배아로 돼지, 소, 토끼, 인간을 구분하기란 매우 어렵다. 다만 배아가 자랄수록 차이는 점차 커진다. 인간의 배아는 발달 첫 주에 다른 포유동물과 마찬가지로 꼬리를 갖고 있는데, 이것은 나중에 점점 줄어들어 미골이 된다. 각기 다른 동물종의 배아를 최초로 각 발달 단계에서 비교한 일부 과학자들은 배발생이 종의 진화적 발달 단계를 빠르게 훑어볼 수 있도록 보여주는 지름길이라고 확신에 차 주장하기도 했다.[*]

최초의 세포 덩어리에 세포가 32개 있다고 하자. 어느 정도 단계가 돼야 각 세포가 신경세포, 간세포, 피부세포, 근세포 등으로 발달하는지 알 수 있을까? 이 세포들은 어떻게 혼란스럽게 뒤섞이지 않고 제 갈 길을 찾아가는 걸까? 정말 신기하지 않은가? 모든 세포에는 똑같은 유전적 설계도, 즉 게놈이 들어 있는데 말이다. 세포분열 과정을 더 오래 관찰하면 어느 순간 세포분화가 일

---

[*] 독일의 생물학자 에른스트 헤켈(Ernst Haeckel)이 주장한 내용이다. 헤켈은 어류, 파충류, 인간을 비롯한 여러 포유류의 배아가 비슷하게 생긴 것은 이들이 모두 같은 조상에서 유래했기 때문이라고 주장했지만 오늘날 이는 학술적으로 폐기된 이론이다.

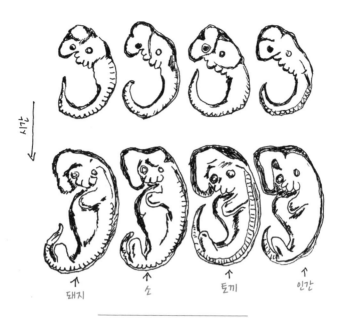

시간

↑ 돼지 ↑ 소 ↑ 토끼 ↑ 인간

각기 다른 포유동물의 배아 발달 단계

어나는 것을 확인할 수 있다. 그러면 어떤 세포는 근세포가 되고 어떤 세포는 뇌세포가 될지 정해진다. 원래의 세포에는 전형성능Totipotency이 있다. 전형성능이란 어떤 세포로든 발달할 수 있는 가능성을 말한다. 연구진은 실험을 통해 원세포가 둘로 나뉜다는 사실을 증명했다. 둘로 나뉜 원세포는 나중에 완전한 유기체로 발달했다.

어느 단계에서 세포들이 분화하는지는 내부적인 성장 과정과 근접한 주변 환경에 달려 있다. 말하자면 세포들은 주변을 '둘러

179

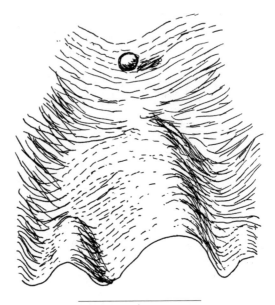

워딩턴이 표현한 후성적* 풍경

보며' 무슨 일이 일어나는지 파악한다. 세포분열이 일어나면 세포는 전형성능을 잃고 다분화능^{Pluripotent}을 갖게 된다. 이 단계부터는 어떤 세포로든 발달할 수 있는 것이 아니라 특정한 세포로밖에 성장할 수 없다. 세포분화라는 비약적인 변화는 배아가 아무런 구조도 없는 세포 덩어리에서 고도로 차별화된 유기체로 발달하는 데 결정적인 역할을 한다. 세포가 분화 과정에 돌입하면

---

* Epigenetic, 발생한 개체의 표현형이 환경에 의하여 변이를 나타내는 것.

다시 원래의 상태로 돌아갈 수 없다. 이를 '비가역성Irreversibility'이라고 한다. 영국의 발생생물학자인 콘래드 할 워딩턴Conrad Hal Waddington은 1940년에 세포분화를 잘 알려진 도식적 은유로 나타냈다.[1]

유리구슬 하나가 산등성이와 골짜기 사이로 굴러 내려간다. 구슬이 굴러 내려갈수록 골짜기는 여러 갈래로 나뉜다. 처음에는 구슬이 넓게 패인 곳을 따라 구른다. 곧 두 갈래 골짜기 앞에 도달한 구슬은 둘 중 한쪽 길로 굴러 내려간다. 두 골짜기 사이에는 산등성이가 있어서 다시 연결되지 않는다. 구슬이 산 아래로 내려갈 때마다 이 과정은 되풀이된다. 결국 구슬은 계속해서 여러 갈래 길 중 한쪽으로만 굴러서 최종 상태에 이른다. 이것은 비가역성을 일목요연하게 보여주는 이미지다. 구슬은 이미 굴러가고 있는 골짜기의 옆 골짜기로 옮겨 갈 수 없다. 세포분화도 마찬가지다. 세포분화는 배아의 발달 과정에만 중요한 것이 아니다. 우리 몸에서는 매일 수백만 개의 세포가 줄기세포에서 새로 만들어진다. 예를 들어 줄기세포는 골수에 있으며 배아의 줄기세포와 마찬가지로 다분화능을 갖고 있다. 한 가지 종류의 세포에서 순차적이고 비가역적인 분화 과정에 따라 수많은 다른 종류의 세포가 만들어진다.

비가역성은 발달 과정 중에, 혹은 후에 일어날 수 있는 혼란을 막는 데 중요한 역할을 한다. 예를 들어 뇌에 있는 신경세포는 줄기세포처럼 쉽게 분열해서는 안 된다. 그런 일이 벌어진다면 치명적인 결과가 발생할 것이다. 이런 치명적인 결과로서 나타나는 것이 암이다. 유전적 변화 때문에 지극히 평범하던 조직세포가 갑자기 분열하고 걷잡을 수 없이 늘어나면, 그게 바로 종양이 된다.

그렇다면 줄기세포가 각기 다른 종류의 특정한 세포로 발달할 때, 이 줄기세포에서는 어떤 일이 벌어지는 걸까? 세포 내에 존재하는 일종의 스위치가 켜지거나 꺼지기 때문에 계속해서 세포분열이 일어나도 같은 상태가 유지될 것이다. 또한 세포는 주변에서 일어나는 일을 '알아야' 하므로 센서가 필요하다. 세포에는 실제로 이런 센서가 있다. 각각의 세포 종류는 각기 다른 시간대에 다양한 유전자를 '표현한다'. 간략하게 설명하자면 모든 유전자에서 특정한 종류의 단백질이 생성되는데, 이것은 세포 내에서 일어나는 생화학적 반응에 꼭 필요하다. 대부분의 유전자는 지속적으로 단백질을 만드는데, 일부는 특정한 조건에서만 단백질을 만든다. 쉽게 말해 각 유전자는 단백질을 생산할 때는 스위치가 켜지고, 그렇지 않을 때는 스위치가 꺼진다. 이렇게 유전자의 스위치가 개폐하면서 특정한 유전자에서는 또 다른 단백질이 만들어진다.

유전자 조절 연결망의 복잡성

유전자는 서로를 조절하고 서로에게 영향을 미친다. 세포 하나의 유전자가 갖는 전체 시스템을 '유전자 조절 연결망'이라고 한다. 이것은 컴퓨터 전기 회로처럼 작동한다. 대개의 경우 오직 한 유전자가 수많은 다른 유전자를 조종한다. 다른 유전자들은 계속해서 외부의 조건에 따라 조절된다. 세포분화가 일어날 때는 외부의 조건에 따라 점차 각기 다른 유전자들이 서로의 스위치를 끈다. 스위치는 꺼진 채로 유지된다. 세포의 종류에 따라 유전자 조절 연결망의 상태도 다르다. 인간의 게놈에는 약 2만 개 정도의 유전자가 들어 있다(무엇을 '유전자'로 정의해서 헤아리는지에 따라 달라진다). 2만 개 유전자는 아주 복잡하게 얽혀 있다.

예를 들어 아주 단순한 단세포 유기체인 빵 효모에는 유전자가 6,500개 정도 있는데, 사람의 유전자에 비해 아주 적은 수는 아니다. 흔히 볼 수 있는 생쥐나 닭, 복어의 유전자 수는 인간과 비슷하다. 대구와 옥수수의 유전자는 인간의 두 배 정도다. 에티오피아에 사는 대형 민물고기인 폐어의 게놈은 인간의 게놈보다 43배 정도 크다. 복잡성의 비밀과 유기체의 다양성은 결국 유전자가 아니라 그 안에 속한 것들에 서로 어떻게 연결되어 있고 서로 어떤 영향을 미치는지에 따라 결정된다. 1969년에 미국의 물리학자이자 생물학자, 그리고 의사이던 스튜어트 카우프만은 최초로 유전자 조절 연결망의 복잡성을 수학적으로 탐구했다.[2] 그가 만든 추상적인 모델에서는 유전자가 단순하게 켜짐-꺼짐 스위치로 구성된다. 카우프만 모델의 간략화 버전은 다음과 같이 작동한다. 한 유전자는 두 가지 가능한 상태, 즉 켜짐과 꺼짐이 있는 스위치다. 수학적으로 나타내면 0 혹은 1이다. 모든 유전자가 속한 전체 시스템의 상태는 0과 1의 나열로 설명할 수 있다. 나열된 숫자가 유전자를 부호화해 나타내는 것이다. 유전자 3개로 이루어진 어떤 시스템의 배열이 '011'이라고 하자. 유전자 1은 꺼진 상태고 유전자 2와 3은 켜진 상태다. 유전자가 3개인 시스템에서 발생할 수 있는 배열은 2×2×2=8이다. 000, 001, 010, 100, 011, 101, 110, 111이라는 상태가 나타날 수 있다. 유전자의 수가 많아질수록 가능한 배열의 수는 급격하게 증가한다. 유전자가 10개라면 가능한 조합의 수는 1,024개다. 유전자가 100개라면 1,267,650,600,228,229,401,496,703,205,376개의 조합이 가능하다(2의 100제곱값이다).

카우프만 모델에서 모든 유전자는 임의로 선택된 다른 유전자로부터 영향을 받는다. 긍정적인 영향일 수도, 부정적인 영향일 수도 있다. 만약 부정적인 영향이 우세하다면 유전자의 스위치가 꺼지고 긍정적인 영향이 우세하다면 유전자의 스위치가 켜져

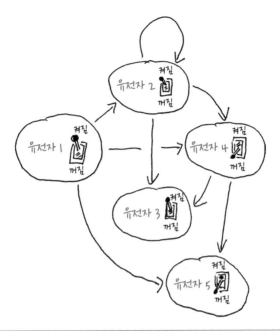

세포 내에서는 유전자가 서로를 조절하고 이에 따라 유전자의 스위치가 켜지거나 꺼진다. 이 그림에서 화살표는 유전자가 서로 영향을 미치는 방향을 나타낸다.

서 다른 유전자의 영향을 그대로 받아들인다. 이 모델에서 임의의 시작 상태를 보이던 유전자들은 시스템이 균형 잡힌 형태로 조정될 때까지 스스로의 상태를 점차 변화시킨다.

카우프만은 실험을 통해 놀라운 사실을 발견했다. 스위치의 켜짐과 꺼짐 조합이 수없이 많음에도 불구하고 임의의 시작 상태이던 연결망은 항상 적은 수의 최종 상태를 보였다. 그리고 이 최종 상태는 매우 견고했다. 외부적인 영향을 미쳐 시스템을 살짝 방해하더라도 최종 상태는 다시 견고한 상태로 돌아갔다. 굴러 내려오는 구슬을 방해하더라도 구슬이 곧 움푹 팬 길을 따라 다시 굴러 내려가듯이 말이다. 다만 외부적인 영향이 강력하게 개입했을 때는 전체 시스템이 또 다른 견고한 상태로 바뀌었다. 유전자 조절 연결망은 튼튼하다. 유전자 사이의 연결을 듬성듬성 자르고 일부러 새로운 연결을 만들어도 유전자 조절 연결망은 다시 원래의 목표를 찾아 스스로를 조정한다. 카우프만의 모델 연결망 또한 다방면에서 견고하고 안정된 모습을 보인다.

카우프만의 모델은 유전자 조절 연결망의 특성을 이해하기 쉽게 설명하기 위해 매우 단순한 구조로 만들어졌지만, 다중 안정성Multistability과 견고함이라는 핵심적인 특성은 역동적인 개별 요소가 한 연결망 구조 안에서 서로에게 영향을 미치는 다른 분야에도 적용된다. 아주 좋은 예시가 바로 '신경망'이다. 신경망은 우리 인간의 중추 신경계라고 할 수 있다. 전체 신경망은 대단히 복잡하므로 이를 간략하게 설명하자면 각각의 신경세포가 다른 신경세포의 활동을 조절하는 켜짐-꺼짐 스위치라고 보면 된다. 어떤 감각 자극이 주어지면 수많은 신경세포의 스위치가 켜지거나 꺼지는 활동이 일어난다. 이와 관련해서 다중 안정성이란 예를 들어 신경망이 개와 고양이를 구분하는 것을 말한다. 개가 주는 감각 자극이든 고양이가 주는 감각 자극이든 감각을 처리하

는 과정은 견고한 내부 연결망 상태에 포함되기 때문이다. 신경
망 또한 매우 튼튼하다. 만약 신경계에서 중요한 부분이 손상되
더라도 시스템 자체는 작동할 수 있다.

생태학적 연결망

생태학 분야에는 다중 안정성을 지닌 견고한 연결망이 있는데,
이 연결망이 갖는 의미는 완전히 다르다. 지구상에 있는 어떤 생
태계를 관찰하더라도, 즉 그것이 아마존에 있든 시베리아에 있
든 깊은 바다 속에 있든 그레이트 배리어 리프에 있든 사막에 있
든 바덴해에 있든 베를린에 있는 그루네발트에 있든 상관없이,
모든 시스템에는 수백만 종에 이르는 생물이 함께 존재하며 그
생물들은 서로 영향을 주고받는다. 종의 다양성은 우리가 상상
하기 어려울 만큼 무궁무진하다. 얼마 전까지만 해도 과학자들
은 지구에 약 8만 종의 척추동물과 700만 종의 무척추생물이 존
재한다고 말했다. 그중 500만 종은 곤충이고 40만 종은 식물,
150만 종은 버섯이다. 그런데 미생물, 즉 박테리아나 고세균까지
포함한 새로운 연구 결과에 따르면 이 세상에는 1조 종가량의
생물이 있다. 우리가 숲을 걷다가 마주치는 식물, 동물, 버섯 등

먹이 연결망

일상적으로 볼 수 있는 것들은 전체 생물종의 극히 일부분일 뿐이다. 눈에 보이지 않는 미생물의 종의 다양성은 우리가 눈으로 볼 수 있는 것들의 다양성보다 수백, 수천 배는 더 거대하다.

인간의 소화기관에만 해도 5,700종의 박테리아가 산다. 피부에는 1,000종, 입과 목구멍에는 1,500종가량이 산다.[3]

생태계에서는 이 모든 생물종이 아주 복잡하게 연결되어 서로 영향을 주고받는다. 많은 생물종이 다른 종의 먹이가 되고, 또 한편으로는 다른 종을 먹이로 삼는다. 버섯종은 다른 식물과 공생해 살아간다. 많은 생물종이 자원을 두고 서로 경쟁한다. 다양한 생물종 사이의 관계는 대개 먹이사슬로 그려진다. 생태계에 존재하는 여러 관계의 성격을 잘 나타내는 이미지다. 물론 이것은 우리가 눈으로 볼 수 있는 생물종만을 표현할 뿐이다. 미생물은 무시당하기 십상이다. 생태학적 연결망은 전체 시스템으로서 동적 균형을 이루는데, 이것을 '항상성Homeostasis'이라고 한다. 모든 것이 움직이면서도 균형을 유지한다는 뜻이다.

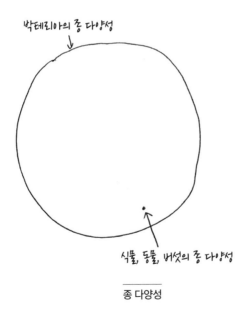

박테리아의 종 다양성

식물, 동물, 버섯의 종 다양성

종 다양성

건강한 생태계는 유전자 조절 연결망처럼 매우 튼튼하고 견고해 외부적인 영향에 얼마든지 대응할 수 있다. 외부적인 영향이란 예를 들어 기후변화나 우연한 간섭과 방해 등이다. 그래서 우리 인간은 계절의 변화, 악천후, 믿을 수 없을 정도로 높거나 낮은 기온을 겪으면서도 잘 지낼 수 있다. 우리를 둘러싼 자연환경을 살펴보면 생태계가 차례로 무너지는 것이 아니라는 놀라운 사실을 알 수 있다. 예를 들어 10만 년 전 아프리카 대륙에서부터 전 세계 각지로 이주하기 시작한 인류는 정착한 모든 지역에서 애초 그곳에 살고 있던 거대 동물(메가파우나)을 멸종시켰다. 북미에서는 약 12,000년 전에 털 매머드, 마카이로두스아과* 맹수, 낙타, 아메리카 사자 등이 멸종했고, 남미에서는 거대 나무늘보와 거대 아르마딜로가 사라졌다. 그럼에도 당시의 생태계 전체가 무너지지는 않았다. 숲이 완전히 벌목되더라도 자연은 처음부터 다시 시작해 벌거숭이였던 구역을 새로운 숲으로 만든다. 생태계는 그것을 단단하게 결속하도록 만드는 자기조절 연결망 구조 덕분에 이토록 견고할 수 있다.

어떤 생물종이든, 한 종이 우연히 혹은 혹독한 겨울 같은 외부적인 변화 때문에 멸종한다고 하더라도 전체 생태계가 무너지지

---

* 고양이과에 딸린 육식성 포유류들의 아과.

는 않는다. 다만 생태계에 약간의 변화가 일어날 뿐이다. 어떤 생물종이 멸종한 다음 해에 다른 식물, 곤충, 혹은 박테리아종의 개체 수가 예년에 비해 줄어들면 생태계는 연결망을 조절해 여러 생물종이 다시 균형을 이루도록 만든다.

그러나 항상 그런 것은 아니다. 이에 대해서는 추후에 다시 설명하겠다.

생태계의 다중 안정성

지난 수십 년 동안 여러 과학자들이 다중 안정성을 연구했다. 생태계는 왜 이토록 견고할까? 어떤 조건 아래서도 견고할 수 있을까? 유전자 조절 연결망과 마찬가지로 생태계에도 여러 견고한 상태가 있을까? 답을 찾기 위해 과학자들은 여러 모델을 개발했다. 눈덧신토끼와 스라소니의 예시를 아직 기억하는가? 포식자-피식자 사이클에 따라 눈덧신토끼는 스라소니의 먹이가 된다. 우리는 두 동물의 역학을 설명하는 로트카-볼테라 모델을 다른 영역에 쉽게 적용할 수 있다. 이처럼 간단한 생태계 모델로 어떤 방식으로든 상호작용을 하는 여러 생물종을 설명할 수 있다. 대부분의 생물종은 서로 똑같이 긍정적인 영향을 미치거나(상리공생^{Mutualism}), 부정적인 영향을 미친다(경쟁). 스라소니와 눈덧신토끼처럼 서로 긍정적인 영향과 부정적인 영향을 주고받는 종도 있다. 이런 개념을 생태계 모델에 적용하면 견고한 최종 상태가 여러 개 나타나는데, 모든 최종 상태는 각기 다른 종들의 조합으로 균형을 이루고 있다. 최종 상태는 여러 종이 균형을 이루는 빈도를 보여준다. 어떤 종이 발현하는 빈도가 바뀌도록 시스템을 방해하더라도 시스템 자체가 자동으로 견고한 상태로 돌아간다. 그런데 외부적인 방해가 지나치게 강하다면, 예를 들어 새로운 종이 시스템에 침입하거나 이미 존재하던 종(인류 등)의 개체 수가 급격하게 감소하면 시스템은 갑자기 예상치 못하게 또 다른 견고한 상태로 변할 수 있다. 연결망의 어떤 특성이 생태계를 견고하게 만드는지, 그것이 경쟁인지 공생인지 아니면 포식자-피식자 사이클인지는 7장 협력에서 더 자세히 알아보도록 하겠다.

여러 생태계에는 대개 핵심종$^{Keystone species}$* 이라는 것이 있다. 만약 이 핵심종의 개체 수가 줄어들거나 멸종하면 다른 종이 출현하는 빈도 또한 영향을 받는다. 핵심종의 개체 수에 따라 한 생태계를 이루는 종의 구성이 바뀌기도 한다. 이것은 종 다양성의 급격한 감소와도 연관이 있다.

---

* 생태계 내에서 한 종의 멸종이 다른 모든 종의 생사를 좌우할 정도로 막대한 영향을 미치는 종을 말한다. 개체 수는 비교적 적지만 생태계에 미치는 영향은 매우 크다.

우리는 다중 안정성과 생태계의 균형을 유지하려는 성질을 수학적인 모델로 간략하게 나타내고 체계적으로 분석할 수 있다.[4] 물론 실제 생태계에서는 그렇게 하기 어렵다. 항상 균형 상태라는 결과만 얻게 될 것이기 때문이다. 생태계의 종의 구성이 어떻게 변할 수 있을지, 지금과는 다른 종의 구성이 가능할지 여부는 결국 알 수 없을 것이다. 그러나 마치 그림으로 그린 듯 구체적으로 알 수 있는 몇 가지 예시가 있다. 이것은 모델에서 예측된 다중 안정성과 실제 생태계에서도 드러난 것이다. 집 근처 작거나 큰 호수가 매번 완전히 다르게 보이는 현상을 경험한 적이 있을 것이다. 1년 중 어떤 때는 물이 맑고 깨끗하지만 어떤 때는 아주 탁하다. 우리는 호수가 맑거나 혹은 탁하다는 완전히 다른 두 가지 견고한 균형 상태를 유지할 수 있다는 사실을 알고 있다. 물이 맑은 상태가 유지되는 이유는 물속에 있는 식물이 빛을 충분히 받아 많이 자랐고, 이에 따라 물벼룩 같은 곤충들의 은신처가 늘어났으며, 이 곤충들이 원래대로라면 물 위를 뒤덮었을 조류를 먹어치웠기 때문이다. 그러다가 호수 근처를 지나는 사람들이 강물로 먹을 것을 많이 던지면(예를 들어 오리에게 밥을 주겠다는 이유로) 어부지리로 혜택을 본 물고기들의 개체 수가 급격하게 늘어난다. 물고기들은 물벼룩을 잡아먹고, 물벼룩이 없으니 조류가 늘어나 호수를 뒤덮고, 수면이 뒤덮이니 물이 탁해지고 물속 식물이 햇빛을 받지 못해 죽는다. 물속 식물이 죽으니 은신처를 찾지 못한 물벼룩의 개체 수는 더욱더 줄어들 수밖에 없고, 그러면 조류는 증가한다. 이런 식으로 호수의 상태가 완전히 뒤집힌다. 이렇게 상태가 급변하는 과정은 임계현상과 마찬가지로 점진적이 아니라 비약적으로 발생한다. 다만 외부적인 요소(이 경우에는 사람들이 호수로 던지는 먹이)만이 서서히 변한다. 호수의 상태가 급변하고 나면 이곳의 물이 다시 맑은 물로 돌아가기는 매우 어렵다. 식물의 자기 강화 효과가 떨어지기 때문이다. 사람들이 호수로 던지는 먹이의 양을 티핑 포인트 이전 수준으로 줄이더라도 효과는 없다. 호수의 물은 탁한 상태로 유지된다.

이것이 바로 티핑 포인트의 전형적인 특성인 비가역성이다.[5] 분화 단계에 돌입한 줄기세포가 다시 원래의 상태로 돌아가기란 매우 어렵거나 심지어 불가능한 것과 마찬가지다. 이미 티핑 포인트를 넘어 급변한 호수의 물을 맑은 상태로 되돌리려면 호수에 던지는 먹이의 양을 아주 낮은 수준으로 줄이거나 물고기의 개체 수를 대폭 줄여야 한다. 그래야 물벼룩의 개체 수가 회복된다. 늘어난 물벼룩들이 조류를 먹어 치우면 물속 식물도 서서히 다시 자라날 수 있다. 티핑 포인트를 넘어가면 시스템을 완전히 다른 균형 상태로 만드는 도약적인 사건이 발생한다. 티핑 포인트를 넘긴 원인을 멈춘다고 해도 전체 시스템이 원래 상태로 돌

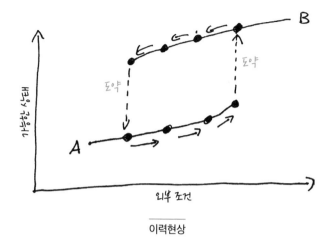

이력현상

아가지는 않는다. 이것을 '이력현상Hysteresis'이라고 한다.

　비가역성은 각각의 세포가 주변 환경의 느린 변화에 따라 비가역적으로 세분화하고 조금씩 성장해 모습과 기능을 완전히 바꾸는 배아의 발달에는 꼭 필요하고 좋은 것이다. 그러나 생태계에서는 나쁜 것이다.

　비가역성은 워딩턴이 간략하게 표현한 두 골짜기와 구슬 이미지로 잘 알 수 있다. 한 골짜기에 구슬 하나가 놓여 있다고 상상하자. 이 골짜기는 가능한 균형 상태 중 하나를 나타낸다. 균형 상태에서 벗어난 구슬은 혼자서 골짜기를 따라 굴러 내려가기 시작한다. 구슬은 멈출 때까지 계속 움직인다. 언덕을 지나 두 번째 골짜기가 나타난다. 구슬은 이 골짜기에서 다시 균형 상태를 유지할 수 있다. 곧 외부적인 영향에 따라 풍경을 이루는 언덕과 골짜기가 서서히 바뀌기 시작한다. 예를 들어 위쪽 골짜기는 조금 더 융기한 다음 평평해질 수 있다. 구슬은 골짜기에 그대로 머문다. 그런데 이 골짜기가 점점 평평해지다가 완전히 사라지면 구슬은 다시 두 번째 골짜기로 굴러 내려간다. 이때 두 번째 골짜기는 대체 상태, 즉 또 다른 균형이다. 외부의 영향을 원래의 상태로 되돌리더라도 구슬은 두 번째 상태를 고수한다. 구슬을 다시 원래의 상태로 되돌리는 데는 힘이 많이 든다.

이중 골짜기 모델은 보이는 바와 같이 매우 간단하지만 생태계의 여러 다른 티핑 포인트를 잘 설명한다.[6] 여러 위도에서 숲

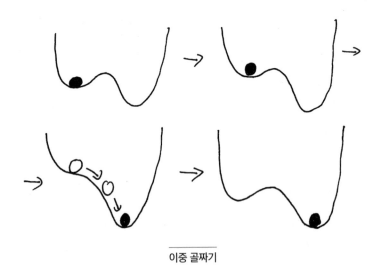

이중 골짜기

과 들은 두 가지 견고한 풍경 상태를 보인다. 넓은 들에서는 어린 나무가 살아남기 어렵다. 풀을 먹고 사는 동물들이 나무까지 뜯어먹기 때문이다. 그래서 초원이나 사바나에서는 숲이 저절로 생기지 않는다. 그런데 이미 수많은 나무가 울창하게 자란 숲은 견고하다. 나무가 없는 지역에 비해 물을 더 많이 저장할 수 있기 때문이다. 탄자니아와 보츠와나에서는 19세기 말에 숲이 갑자기 범위를 넓히기 시작했는데, 이는 식물을 먹는 거대한 동물들이 사냥당해 죽었기 때문이다. 초식동물의 개체 수가 다시 회복된 다음에도 나무와 풀이 이미 다 자란 숲은 견고한 상태를 유지했다. 반대로 기후가 매우 건조한 지역에서는 아무리 숲을 조성하고자 나무와 풀을 심어도 풍경이 다시 비가역적인 사막 상태로 돌아간다. 거대한 나무가 계속해서 성장할 수분이 부족하기 때문이다. 건조한 지역에서는 더 이상 나무가 자랄 수 없다.

해양 생태계에서는 견고한 상태의 법칙이 특히 복잡하다. 해양 생태계의 견고함은 해류의 흐름이나 전 세계 기후, 지역의 대기 상황, 바다의 날씨 등에 강한 영향을 받기 때문이다. 과학자들은 1965년부터 2000년 사이에 북태평양에서 자세한 연구를 통해 어류 포획량, 플랑크톤의 현존량 등 여러 지수를 기록했고 두 가지 세계적이고 실질적인 상태 변화를 확인했다.[7] 두 가지 지수가 1년 내에 생태계를 완전히 변화시킨 것이다. 이것을 소위 '체제 전환Regime shift'이라고 하는데, 인류는 아직까지도 이를 정확히 이해하지 못하고 있다. 다만 이 모든 것이 자연스러운 과정을 거쳐서든 인간의 개입에 의해서든 티핑 포인트를 넘어섰기 때문에 발생한 변화라고 생각할 뿐이다. 해양 생태계에서는 여러 종의 조성이 특히 중요하다. 인간이 어떤 핵심종, 예를 들어 포식자인 물고기종을 남획하면 생태계 전체가 빠른 속도로 균형을 잃고 비가역적인 방향으로 무너지고 만다. 이를 다시 되돌릴 방법은 없다.

생태계, 기후, 티핑 요소

생태계가 어떤 상태를 받아들일지는 전적으로 기후 조건의 안정성에 달려 있다. 기후 조건의 영향은 얼마든지 다른 방향으로 흐를 수 있다. 전 세계의 생태계는 기후를 특정하고 안정시킨다. 생태계가 티핑 포인트를 넘어 짧은 시간 동안 급격하게 변하면 그 지역의 기후 시스템 또한 흔들린다. 기후란 말하자면 역동적인 하위 시스템의 연결망이다. 예를 들어 아마존의 열대우림, 서로 영향을 미치는 해류의 움직임 등이다. 시간이 지나면서 우리는 기후 모델을 보고 각기 다른 지역적인 요인, 즉 '티핑 요소Tipping element'가 매우 중요하다는 사실을 깨달았다. 각각의 요소는 저마다 두 가지 다른 상태를 보일 수 있다. 그리고 그 상태는 다른 요소에 영향을 미친다. 2005년에 기후 전문가 36명이 베를린에 모여 '지구 시스템의 티핑 포인트Tipping Points in the Earth System'라는 워크숍을 진행했다. 이들은 티핑 요소 중 어떤 것이 정치와 연관이 있고 어느 정도의 지구 온난화 때 티핑 포인트에 도달하며 이에 따라 시간적으로 볼 때 얼마나 강하고 갑작스러운 기후변화가 일어날 것인지 수많은 연구 결과를 종합했다. 결과는 대단히 우려스러운 것이었다.[8]

예를 들어 그린란드의 얼음은 티핑 요소다. 그린란드의 얼음이 녹기 시작하면 그 아래 있던 땅이 드러나기 시작하면서 지면의 온도가 상승하고 얼음이 녹는 속도는 더 빨라진다. 앞으로 300년이 채 지나기 전에 기온이 3도나 오르는 치명적인 지구 온난화의 영향으로 그린란드의 얼음이 모조리 사라져 버릴 것이다. 그린란드의 얼음이 녹으면 해수면이 2~7미터 정도 대폭 상승하는 결과가 뒤따른다. 아마존의 열대우림 또한 티핑 요소다. 지구 온난화 때문에 기온이 3~4도 정도 상승하고 인간의 벌목 활동이 계속 이어지며 극심한 건기가 계속된다면 남미 태평양 연안에서 엘니뇨 현상이 더욱 빈번하고 집중적으로 발생할 것이다. 그러면 앞으로 50년 안에 열대우림이 사라지고 이에 따라 전 세계 기후 시스템에 예측할 수 없는 결과가 나타날 것이다.

기후에 매우 큰 영향을 미치는 또 다른 티핑 요소 중 하나가 해류의 열염순환^{Thermohaline circulation}이다. 열염이란 열^{thermo}과 염분 함량^{haline}의 합성어로, 열염순환이란 수온 변화와 담수 유입으로 인한 염도 변화에 따른 해수의 순환을 말한다. 바다는 마치 거대한 컨베이어 벨트처럼 연결되어 있으며 수천 킬로미터를 이동해 수온과 염도를 서로 나눈다. 멕시코만 난류는 이 컨베이어 벨트에서 매우 중요한 혈관 같은 역할을 한다. 지구 온난화로 기온이 상승해 그린란드와 북극지방의 얼음이 녹으면 엄청난 양의 담수가 북태평양에 유입되고 태평양 해류의 열염순환이 변하고 곧 그 상태로 머문다. 이에 따라 단시간에 극적인 기후변화가 일어나고 또 다른 티핑 요소가 영향을 받을지도 모른다. 인간에 의한 느리지만 꾸준한 지구 온난화는 서로 영향을 미치는 수많은 티핑 요소를 갑자기 극단적으로 변화시키고 전체 기후 시스템을 완전히 다른 상태로 만들 것이다.[9] 그 결과는 우리가 지금 알고 있는 모든 것과 근본적으로 다를 것이다.

기후가 티핑 포인트를 넘어서면 어떤 극적인 효과가 나타날지는 지질학을 공부하면 잘 알 수 있다. 해양 퇴적암을 조사한 결과 각기 다른 시점에 해양의 산소 결핍 현상이 발생했다는 사실을 알 수 있다. 비교적 짧은 시간 내에 바닷물의 산소 농도가 급격하게 떨어진 것이다. 산소 결핍이 발생한 동안 강력한 침식작용이 발생하거나 화산 폭발이 늘어나면서 분해된 토양 등이 바다에 빠졌고 계속해서 쌓였다. 동시에 중요한 열염순환이 중단되었다. 이에 따라 좁은 바다에서든 넓은 바다에서든 해양의 상태가 급격하게 변했다. 과학자들은 전 세계 바다에서 티핑 포인트를 넘어서는 변화가 여러 차례 발생했을 것이라고 보고 있다. 그러던 중 몇 차례에 걸쳐 해양 생물이 대량 멸종되었고 해양 생태계가 다시 회복되기까지는 수백, 수천 년이 걸렸다.

어떤 시스템이 티핑 포인트 직전에 있는지 여부는 과연 어떻게 알 수 있을까? 우리는 그 상황의 심각성을 평가할 수 있을까? 4장 임계성에서 이미 보았지만, 임계현상은 임계점에 가까워질수록 역동적인 신호를 보낸다. 티핑 포인트도 마찬가지다. 시스템이 서서히 티핑 포인트에 가까워지면 시스템 내에서 발생하는 우연한 변화가 급격해진다. 자연의 모든 시스템은 항상 본의 아니게 주변 환경의 영향을 받는다. 주변의 영향 때문에 균형 상태에서 살짝 벗어나면 시스템이 스스로 다시 균형 상태로 돌아간다. 골짜기와 구슬 이미지를 다시 떠올려 보자. 우연한 외부적 영향 때문에 구슬은 균형 상태에서 벗어나 굴러가기 시작한다. 티핑 포인트에 가까워지면 내부에 시스템이 존재하는 견고한 골짜기가 점점 평평해진다. 그러면 구슬을 왼쪽 혹은 오른쪽으로 움직이게 만드는 작은 방해 요소가 깊고 좁은 골짜기보다 훨씬 큰 영향력을 갖게 된다. 시스템이 스스로 다시 견고한 균형 상태로 되돌아가기는 매우 어렵다. 골짜기와 구글 이미지를 보고 우리는 티핑 포인트에 가까워질수록 나타나는 또 다른 특성을 확인할 수 있다. 과학적으로는 '임계 감속Critical slowing down'이라고 부르는 현상이다.[10] 티핑 포인트에 도달하기 전에는 골짜기가 거의 완전하게 평평해진 상태이므로 구슬이 움직이는 속도가 느려진다. 이 두 가지 효과, 즉 급격한 변화와 느려진 복구 속도를 여러 시스템에서 측정할 수 있다.

전통적인 티핑 포인트 시스템은 어업에서 발견했다. 인간이 어업을 하지 않으면 발트해에 사는 대구의 개체 수는 균형을 이룬 상태로 머문다. 대구의 개체 수가 늘어나더라도 먹잇감의 양이 제한적이니 개체 수는 다시 줄어들어 적정 상태를 유지한다. 인간이 어업을 시작해 대구 개체 수의 일부가 사라지면 남아 있는 대구들 사이에서는 먹이 경쟁이 줄어든다. 먹이 경쟁이 줄어드니 자연스럽게 번식이 늘어나고 대구의 개체 수는 다시 균형을 유지한다. 어업으로 개체 수가 줄었음에도 말이다. 그러나 인간이 물고기를 남획하고 사라진 물고기 개체 수가 티핑 포인트를 넘어서면 대구의 개체 수 균형이 무너진다. 인간이 티핑 포인트에 도달하기 전보다 훨씬 적은 수의 대구를 잡아야만 대구의 개체 수가 다시 회복될 수 있다. 실제 상황에서도 어업 수확량이 서서히 높아져 물고기 개체 수가 붕괴하기 직전에 도달할수록 개체 수의 변화가 눈에 띄게 급격해지는 것을 관찰할 수 있다.

빙하기에서 온난기로 변한 것처럼 지리학적으로 급격한 기후 변화가 발생하면 비약적인 변화와 임계 감속을 동시에 확인할 수 있다. 약 3,400만 년 전에 지구는 극지방에도 빙산이 존재하지 않는 열대 기후였다. 이 열대 기후가 수백, 수천만 년 이어진 후에 빙하기가 시작되었다. 온난기-빙하기 간 변화의 흔적은 남태평양 지역의 석회암에 뚜렷하게 남아 있다. 이 지역에서는 석회가 많이 쌓여 퇴적암이 만들어졌는데, 급격한 기온 변화가 일어나기 수백만 년 전부터 석회암에 그 흔적이 남았다. 생태학과 기후 연구 분야의 수많은 예시를 살펴보면 티핑 포인트의 대다수가 사건 발생 전에 보편적인 신호를 발산하고 있다는 사실을 알 수 있다.

점진적으로 변하는 외부 영향에 따라 어떤 시스템 상태가 티핑 포인트에 다다르거나 급격하게 변화하는 결과는 생태계나 기후 모델에서만 나타나는 것이 아니다. 사회 시스템에서도 이 과정이 중요한 역할을 한다.[11] 특히 사회규범의 급격한 변화에서 티핑 포인트를 찾을 수 있다. 대부분의 경우 목소리를 내는 소수가 임계 한계에 다다르면서 사회적인 표준이나 규범이 급격하게 바뀐다. 계속해서 견고한 상태를 유지하다가 갑자기 급변한 사회규범의 예시가 바로 공공장소 흡연과 대마초 합법화다. 사회규범과 관습이 바뀐 다른 여러 사례는 수많은 나라에서 찾을 수 있다. 사회규범과 관습의 역학을 가장 잘 묘사한 간단한 모델은 앞서 우리가 생태계를 이해하는 데 도움을 준 골짜기를 구르는 구슬 모델과 수학적으로 아주 흡사하게 작동한다. 6장 집단행동에서 이와 관련한 예시를 소개하고 더 자세히 설명하도록 하겠다. 사회규범이 급변하는 가장 중요한 요소는 역동적인 요소의 연결이다. 이 경우에는 공동체 혹은 그룹을 이뤄 서로 연결망을 구성하고 교류하는 사람들이다.

앞서 언급했지만 경제 시스템, 특히 세계적인 금융 시스템의 역동성을 더 잘 이해하고자 생태계 연결망 모델을 사용하기도 한다. 금융시장에서는 시스템 위기가 가장 중요한 위치를 차지한다. 시스템 위기는 하나의 전체로 연결된 금융 시스템 혹은 개별경제 부문이 무너질 가능성이 어느 정도인지 보여준다. 시장에서는 예를 들어 각 은행의 파산과 같은 자기 강화적인 부정적 대사건이 복잡한 과정을 거쳐 전체 시스템을 혼란에 빠뜨릴 수 있다. 2008년 금융 위기 이후 전통적인 경제학 모델로는 이런 위기를 예측할 수도, 충분히 설명할 수도, 심지어는 시스템 위기를 수량화할 수도 없다는 사실이 명확해졌다. 붕괴 신호도 대강만 알 수 있었다. 금융 위기를 겪은 이후 사람들은 다양한 연구 프로젝트를 시작했고 과학적인 논문을 썼는데, 그 안에는 생태학과 네트워크 이론 분야의 구상과 티핑 포인트나 다중 안정성, 방해에 대응하는 견고함 등의 개념을 경제학 분야에 적용하는 내용이 포함되었다.[12] 미국 연방준비제도가 다른 기관에 위임해 진행한 한 연구에서 과학자들은 5,000개 은행의 연결망을 분석했다. 각 은행 사이의 송금 거래가 연결망의 링크에 해당한다. 연구진은 이 연결망이 비동류성을 띤다는 사실을 발견했다. 즉, 여러 은행과 연결된 은행(노드의 차수가 높은 은행)은 규모가 작은 은행(노드의 차수가 낮은 은행)과도 연결됐다. 그 반대의 경우도 발생했다. 종자식물과 식물의 수분에 중요한 역할을 하는 곤충의 공생 관계 연결망 같은 실제 생태계 연결망에서 보이는 구조가 은행 사이의 연결망에서도 나타난 것이다. 어떤 종자식물은 여러종의 곤충과 협력하지만, 그중 특히 몇 종의 곤충과 합이 잘 맞는다. 종자식물을 특별히 가리지 않는 곤충들은 한 종에 국한하지 않고 많은 식물을 수분한다.[13] 이론적 분석에 따르면 이런 연결망 구조는 방해에 강하다. 하지만 특정한 범위 내에서만 그렇다. 이런 연결망에 강력한 방해 공작을 시행하면 연결망은 곧 티핑 포인트에 도달하고 비가역적으로 무너지고 만다. 이를 바탕으로 생각하면 금융시장은 원칙상 이미 시스템 위기를 약간 품고 있는 구조다. 게다가 지속적인 성장과 같은 점진적 변화에도 언제든 티핑 포인트에 도달해 붕괴되고 세계적인 경제 위기를 불러일으킬 수 있다. 바로 이것이 근본적인 차이다. 생태학적 연결망은 오로지 성장만을 지향하지 않고 계속해서 균형을 추구하며 역동적으로 움직인다. 우리 사회의 경제 시스템을 영속적인 것으로 만들려면 수억 년 동안 성공적으로 구조를 유지해 온 생태계를 모방해야 한다. 그러면 심각한 위기를 막고 막대한 비용을 아끼고 경제적 그리고 개인적인 무거운 짐에서 벗어날 수 있을 것이다.

——— ◦ 6장 ◦ ———

집단행동

**찌르레기, 청어, 군대개미와
러브 퍼레이드의 연관성**

"그것들은 때로는 매끄럽게 다듬어진 지붕처럼 뭉쳤다가
하늘을 감쌀 것 같은 그물처럼 넓게 퍼졌다가를 반복하며
공중에서 맴돌다가 다시 쏜살같이 날아가기도 한다.
하늘에서 벌어지는 광란이라고 할 수 있다."

- 에드먼드 셀루스 Edmund Selous, 영국의 조류학자

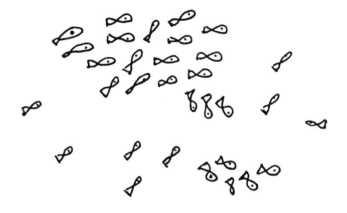

10월에서 2월 사이에 기차를 타고 로마에 가면 테르미니역 앞 친퀘첸토 광장에서 아름다우면서도 신비로운 자연 장관을 구경할 기회를 얻을지도 모른다. 가을에서 겨울에 걸쳐 수백만 마리의 찌르레기가 북유럽에서부터 이탈리아로 이주하기 때문이다. 대규모 찌르레기 떼는 로마 외곽의 밭에서 먹이를 찾기 위해 온종일 날아다니다가 저녁이면 잠잘 곳을 찾아 다시 도심으로 돌아온다. 테르미니역 앞에 늘어선 나무들이 녀석들에게는 특히 좋은 잠자리다. 해가 지기 직전 역 앞으로 돌아오는 수천 마리의 새들이 하늘에서 춤을 추며 장관을 연출하고 관광객들은 스마트폰을 높이 들어 그 모습을 담기에 여념이 없다. 이런 마법 같은 풍경을 글로는 잘 설명하기 어렵다. 새 떼가 갑자기 방향을 바꾸거나 이쪽저쪽으로 몰려가거나 서로 나뉘었다가 몇 초 후에 빠르게 다시 한 덩어리로 뭉치면서도 단 한 마리도 다른 동료와 충돌하지 않는 모습이 진풍경이다. 마치 기체나 액체 덩어리가 소용돌이치는 것처럼 찌르레기 떼가 로마의 밤하늘을 휘젓는다. 지금 당장 스마트폰이나 컴퓨터로 '로마에서 춤추는 찌르레기 떼'를 검색해 동영상을 찾아보라.

새 떼를 관찰하다 보면 여러 의문이 들 것이다. 수천 마리나 되는 새들이 어떻게 이렇게 떼를 지어 마치 한 몸인 것처럼 동시에 방향을 바꾸고, 또 어떻게 자신들이 나아가야 할 방향을 알고, 그렇게 빨리 날면서도 충돌하지 않을 수 있을까? 외부의 영향에는 어떻게 집단적으로 대처할까? 예를 들어 매가 갑자기 새 떼를 습격했을 때 각 새들은 어떻게 방향을 결정해 위기를 모면하는 걸까? 새들이 떼를 지어 날아가는 구조, 그 응집력과 유연성은 어떻게 생긴 걸까? 애초에 새들은 왜 무리를 지어 날아다니고, 왜 매일 그런 행동을 반복할까? 로마에 찌르레기 떼가 나타나는 것은 굉장히 신기한 현상이지만, 사실 새들이 무리 지어 날아가는 모습은 일상적이고 보편적이다. 다만 그 현상을 자세히 관찰하고 고찰하면 비로소 우리는 어떻게 그런 일이 벌어질 수 있는지 깜짝 놀란다. 이동하는 동안에는 모든 찌르레기들이 계속해서 움직여야 하고 밀리초[*] 단위로 다른 새들을 보고 반응해야 한다. 이 무리에는 우두머리가 없다. 전체 집단이 결정을 내리고 각 개체가 아니라 전체로서 테르미니역 앞 광장에 있는 나무에서 쉼터를 찾는다.

이미 수백 년 전부터 수많은 자연 연구자와 과학자들이 새 떼의 역학을 연구했다. 1931년에는 동시대 이름난 조류학자 중 한 명이던 에드먼드 셀루스가 『새들 사이의 텔레파시Thought Transference [or What?] in Birds』라는 책을 펴냈다. 이 책에서 셀루스는 대규모 새 떼가 포식자의 공격에도 집단적으로 반응할 수 있는 속도와 정확도는 텔레파시와 같은 메커니즘, 즉 생각의 전이로만 설명된다는 가설을 세웠다. 새 떼라는 집단은 구성 요소인 각각의 새를 합친 것 이상이다. 새 떼는 단일 요소로서 결정을 내리고 마치 뇌가 하나인 것처럼 기능한다. 그렇지 않으면 수천 마리의 새들이 똑같은 결정을 내려 방향과 속도를 바꿀 수 없을 테니 말이다. 왜 각각의 새들이 신호를 처리할 수 있는 한계보다 새 떼 전체에 신호가 퍼지는 속도가 빠른 이유는 무엇일까?

---

[*] 1000분의 1초.

에드먼드 셀루스는 비교도도, 사기꾼도 아닌 저명한 과학자다. 그가 활동하던 빅토리아 시대의 영국에서는 생각 전이니 초심리학이니 텔레파시니 하는 개념이 상당히 대중적이었다. 당시의 기술로는 설명이 불가능한 것이었기 때문에 많은 과학자들이 새 떼가 우두머리의 지시 없이도 갑작스럽고 급격한 방향 전환을 할 수 있는 메커니즘에 관해 논의했다.

집단행동은 찌르레기 떼나 다른 새 떼에게서만 발견되는 것이 아니다. 수많은 물고기종도 군집을 이뤄 돌아다니며 마치 한 몸처럼 방향을 바꾸고 집단적으로 반응하여 포식자의 공격에 대응한다. 특히 청어의 집단행동은 놀랍다. 청어는 무려 최대 30억 마리에 이르는 개체가 모여 매우 거대한 떼를 이룬 다음 한 몸처럼 움직여 먼 거리를 이동한다. 청어 떼의 규모는 수 세제곱 킬로미터에 이른다. 진화이론학적 관점에서 보자면 새와 물고기는 개별로 움직일 때보다 집단을 이뤄 움직일 때 더 안전할 수 있다. 무리 지어 이동하는 피식자 동물들은 빠르게 방향을 전환하고 불규칙하게 움직이며 포식자를 농락한다. 로마의 찌르레기 무리는 무리 중 한 마리를 낚아채려는 매의 공격을 자주 받는다. 매와 찌르레기가 일대일로 만나면 찌르레기는 매의 상대가 되지 않는다. 매는 시속 300킬로미터로 나는, 명실상부 지구상에서 가장 빠른 동물이기 때문이다. 그러나 찌르레기가 무리를 지어 움직이면 매로서는 복잡하게 섞여 있는 찌르레기 떼 속에서 한 마리를 골라 사냥하기가 쉽지 않다. 게다가 무리 전체가 매의 공격에 대응해 움직이며 주변에 매가 있다는 사실을 서로 빠르게 공유한다. 군집으로 이동하는 물고기들도 마찬가지다. 무리를 이룬다는 것은 곧 안전하다는 뜻이다.

군대개미

개미나 벌, 흰개미처럼 국가를 이루고 사는 곤충들에게서는 특히 놀라운 집단행동을 관찰할 수 있다. 붉은 불개미의 서식지는 멀리서 보면 그저 둥글게 솟은 평화로운 보금자리로 보이지만 가까이에서 보면 개미들이 우글거리며 바삐 움직여 둥지를 짓고, 보수하고, 먹이를 찾아 가져오는 복잡한 모습이다. 워낙 복잡해서 서식지 내부의 모습은 구경조차 할 수 없다. 각 개미의 뇌가 매우 작다는 사실을 생각하면 개미들의 집단행동은 정말 놀랍다. 남미의 열대우림에는 매우 복잡한 집단행동으로 특히 유명한 군대개미가 산다. 한곳에 보금자리를 짓고 사는 불개미와 달리 군대개미는 유랑 생활을 하며 눈코 뜰 새 없는 하루를 보낸다. 군대개미는 늘 서두른다. 군대개미의 왕국은 대략 40만 마리의 군대개미

군대개미

로 이루어진다. 아침이면 약 20만 마리 정도 되는 병정개미 떼가 약탈 행위에 나선다. 그래서 이 개미를 군대개미라고 한다. 군대개미의 병정들은 길이는 100미터, 너비는 20미터에 이르는 대형을 이루고 눈 깜짝할 사이에 다른 곤충이나 소형 포유동물을 사냥한다. 군대개미의 병정개미는 마치 거미처럼 생겼다. 개미라고는 생각할 수 없을 정도로 긴 다리로 1초에 최대 15센티미터를 움직인다. 군대개미에게 사냥당하는 다른 동물은 마른하늘에 날벼락 같은 습격을 받는다. 군대개미의 사냥 성공률이 높다 보니 어떤 새들은 일부러 군대개미 떼를 따라다니며 군대개미에게 습격당해 깜짝 놀란 곤충을 가로채기도 한다.

군대개미의 야영지는 개미로 이루어져 있다. 앞서 말했듯 군대개미는 매일같이 새로운 지역을 찾아 이동해야 하므로 진화하면서 아주 효율적인 답을 생각해 냈다. 수십만 마리의 군대개미 때가 서로를 물고 움켜쥐어서 여왕개미와 유충을 위한 쉼터를 만드는 것이다. 밤이 되면 야영지가 해체되고 개미들은 다음 날의 사냥을 위해 다른 장소로 이동한다. 이 과정은 일사불란하게 이뤄져야 한다. 군대개미의 약탈 행위가 매우 빠른 속도로 진행되기 때문이다. 군대개미는 눈이 보이지 않으며 페로몬, 냄새 등으로 길에 흔적을 남겨 방향을 찾는다. 사냥에 나선 개미들은 매일 3만 개의 약탈물을 자신들이 만든 주요 도로를 거쳐 야영지로 가져온다. 이때 개미들은 논리학적인 문제를 해결해야 한다. 개미들이 한 길에서 양방향으로 움직이기 때문에, 약탈물을 빨리 옮기려면 다른 개미와의 충돌을 피해야 한다. 그래서 이 개미들은 자동으로 서로 마주 본 평행한 위치에 냄새 흔적을 남긴다. 상행선과 하행선이 나란히 놓인 고속도로처럼 움직이는 것이다. 군대개미는 자연스럽게 세 가지 흔적을 남긴다. 양쪽 바깥에 있는 두 길은 야영지에서 사냥터로 가는 길이고, 가운데 길은 야영지로 돌아가는 길이다.

이 개미들은 어떻게 이런 규칙을 정한 걸까? 흥미롭게도 사람들 사이에서도 이와 비슷한 현상이 나타난다. 많은 인파가 몰려 이동할 때다. 유동 인구가 많은 시내의 인도나 지하철역의 좁은 이동 통로에서 사람들은 군대개미와 마찬가지로 평행하지만 방향은 반대인 이동 경로를 따라 움직인다. 이 경로는 대개 2개지만, 더 많을 때도 있다. 반드시 우측통행인 것도 아니다. 때로는 자연스럽게 좌측통행이 될 때도 있다. 개미들과 마찬가지로 이런 이동 경로는 저절로 생긴다. 그렇다면 개미의 이동과 사람의 이동 사이의 근본적인 메커니즘이 동일한 걸까? 이것은 단순히 학술적인 질문이 아니다. 인간의 집단행동을 이해하는 것이 얼마나 중요한지는 다음 예시를 보면 알 수 있다.

러브 퍼레이드

2010년 7월 24일 독일 뒤스부르크에서 제19회 러브 퍼레이드가 개최되었다. 러브 퍼레이드는 테크노댄스 음악제로 1989년부터 시작되어 매년 베를린에서 열렸다. 개최 첫해에는 약 1,000여 명 정도의 테크노 음악 팬들이 행사장을 찾았는데, 이듬해에는 100만 명 정도가 참가한 세계적인 축제가 되었다. 러브 퍼레이드는 카니발 때 행진하는 것과 비슷한 퍼레이드 차량과 축제를 즐기는 사람들이 대규모로 행진하는 축제였다. 대규모 인원을 통제하는 전문가들이 참가자 행렬을 제어했다. 구름 떼처럼 몰린 사람들이 천천히 움직였다. 인구밀도는 1평방미터당 대여섯 명 정도였다. 뒤스부르크에서 열린 이 축제는 아비규환의 현장이 되며 막을 내렸다. 당시 21명이 죽고 500명 이상이 다쳤다.

　무슨 일이 일어난 걸까? 행사장의 일부는 옛 화물열차 역으로 들어가는 통로이던 터널이었다. 터널 끝에서 퍼레이드 차량이 행렬 뒤에 있던 사람들에게 자리를 만들어주기 위해 앞쪽에 있던 참가자들과 함께 이동해야 했다. 불행한 사고가 일어난 시각, 그곳에는 35만 명이나 되는 사람들이 있었다. 이렇게 사람이 많이 몰려 있을 때는 정체가 생겨 사람들이 더 밀집하는 '군중 난류Crowd turbulence' 현상이 발생한다. 잔뜩 몰린 사람들은 탄력적이고 끈적끈적한 액체처럼 서로를 짓누르고 밀친다. 압력이 워낙 강하다 보니 사람들은 넘어져 짓밟히고, 질식하고, 옷이 찢어졌다. 이리저리 밀쳐지다가 군집에서 튕겨 나온 사람들도 있었다. 군중 속에 있던 개인이 원하던 바는 아니었겠지만 사람들의 무리는 아주 빠른 속도로 '흐르며' 움직였다. 사고 이후 가장 먼저 논의되었던 바와 달리, 러브 퍼레이드의 재앙은 공포나 공황 때문에 발생한 것이 아니라 갑작스럽게 발생한 군중 난류 때문에 발생한 것이다. 임계밀도로 모인 사람들이 함께 움직이는 것만으로도 군중 난류가 발생할 수 있다. 그리고 군중 난류가 발생한 다음, 사람들이 공포를 느끼기 시작하면서 그 효과가 더욱 커졌을 것이다.

이런 종류의 사고는 꽤 흔하다. 사우디아라비아에서 매년 열리는 하즈^{Hajj}에서도 비슷한 사건이 발생했다. 하즈란 무슬림에게는 아주 중요한 성지순례 행사로, 매년 200만 명이 넘는 사람들이 메카를 찾는다. 당국과 주최 측으로서는 몰려드는 사람을 통제하는 것이 중요한 과제다. 메카주 미나라는 도시의 자마라트 다리에서는 신도들이 마귀를 쫓는 상징적인 행위로서 기둥에 돌을 던진다. 이 다리에서도 큰 사고가 나서 많은 사람이 죽었다. 2006년 이 다리에서는 364명이 목숨을 잃었다. 러브 퍼레이드와 비슷하게 갑자기 발생한 군중 난류가 불행을 야기했다. 이런 현상을 '군중 난류'라는 말로 정확히 묘사할 수 있음에도 왜 이런 비극을 예방하지 못한 걸까? 어떤 조건일 때, 즉 모여든 사람들의 밀도가 어느 정도일 때, 어떤 외부적인 요인이 있을 때 군중 난류가 생기고 그것을 어떻게 멈추는지 우리가 아직 이해하지 못한 것이 문제다. 대규모로 모인 사람들이 이렇게 움직이는 근본적인 메커니즘을 우리는 모른다. 이에 관해서는 추후에 덧붙여 설명하겠다.

군집행동

새 떼와 물고기 떼, 집단으로 행동하는 군대개미, 러브 퍼레이드와 미나에서 발생한 불운한 사고가 의미하는 바는 무엇인가? 새들의 군집행동은 본능에 따른 것이지만 혼란스러운 상황과 잔뜩 몰린 사람들의 움직임은 인간의 결정에 따른 행동심리학적 현상이 아닐까? 곧 알게 되겠지만, 이런 현상들은 근본적으로 서로 연결되어 있고 사실상 동일한 법칙을 따른다. 훨씬 더 복잡한 사건이나 집단적인 결정 과정, 사회적인 연결망의 의견 형성 과정, 사회 양극화, 극단주의의 창발은 대개 아주 흡사한 법칙과 규칙에 뿌리를 두고 있다.

군집행동을 과학적으로 연구하기란 그리 쉽지 않다. 이 분야에서 처음 만들어지기 시작한 모델 중 하나로 1995년에 헝가리의 물리학자 터마시 비체크Tamás Vicsek와 동료들이 만든 비체크 모델Vicsek model이 있다.[1] 이 간단한 모델은 군집행동의 몇 가지 근본적인 요소만을 형상화한 것이다. 수없이 많은 각 구성원이 군집 내에서 일정한 속도로 자유롭게 돌아다닌다. 모든 구성원에는 움직임의 방향이 있고, 방향은 갑작스런 외부의 영향으로 우연히 바뀔 수 있다. 그래서 각 구성원의 움직임은 불규칙해 보인다.

본질적인 요소를 더해 보자. 각 구성원은 주변에 있는 다른 구

비체크 모델. 각 구성원은 똑같은 속도로 여러 방향으로 움직인다. 개별 구성원은 이웃한 구성원의 행동반경에 맞추기 위해 중간 방향으로 움직인다(검은 화살표). 이때 줄을 맞춰 움직일 수도 있다(왼쪽). 이 모델을 임의로 초기화하더라도(가운데), 구성원들은 재빨리 군집을 형성한다(오른쪽).

성원으로부터 영향을 받는다. 구성원들은 자신의 행동반경 내를 '둘러보고' 다른 구성원들이 어느 방향으로 움직이고 있는지 확인한 다음 다른 구성원에 맞추기 위해 자신의 방향을 중간값으로 정한다. 그런데 모든 구성원이 동시에 이 법칙을 따르면서 임의의 방향 전환에 대응하므로 과연 구성원들이 스스로 일치된 방향을 만들어낸 것인지 의문이 생긴다. 컴퓨터 시뮬레이션에 따르면 특정한 조건 아래서, 예를 들어 구성원들의 밀도가 충분히 높으면, 이들은 단시간에 집단적인 방향을 갖고 느리게 변화하는 군집을 형성한다. 동기화 현상이나 임계현상에서 관찰한 것과 마찬가지로 복잡하게 얽혀 있던 구성원들이 서서히 군집행동을 하는 것이 아니라 임계점을 넘었을 때 갑작스럽게 집단행동이 발생하는 것이다. 즉, 모든 구성원이 군집행동을 보이든가 아니면 아예 개별적으로 움직이든가 둘 중 하나다. 집단 중 몇몇 구성원만 군집행동을 하고 나머지는 개별적으로 움직이는 중간 단계는 없다. 비체크 모델은 비현실적이긴 하지만(이 모델에서 구성원들은 서로 충돌하지 않고, 똑같은 속도로 움직이고, 평평한 곳에서 움직인다) 그럼에도 군집행동의 발현을 잘 보여준다. 각 구성원이 주변에 있는 소수의 다른 구성원과 가까운 거리 내에서만 상호작용을 해도 집단행동이 발생할 수 있다는 사실을 알려주기 때문이다. 즉, 모든 구성원이 반응하지 않아도 집단행동이 시작된다.

몇 년 후, 생물학자 이언 쿠진Iain Couzin과 옌스 크라우제Jens Krause가 비체크 모델과 유사하지만 더 현실적인 모델을 만들었다.[2] 이 모델에서는 구성원들이 두 가지 규칙을 더 따른다. 구성원들은 다른 구성원과 가까워지면 서로를 피하는 방식으로 충돌을 방지한다. 한편으로 중력에 당겨지듯 서로 끌린다. 이 모델 또한 갑자기 발생하는 집단행동을 재현한다. 그런데 이 모델은 다른 것도 보여주었다. 과학자들은 이 모델을 관찰하며 군집 상태의 성격 세 가지를 발견했다. 첫째로, 모든 구성원이 함께 같은 방향으로 헤엄치거나 날아가며 마치 층을 이루고 흐르는 듯한 모습을 보인다. 둘째로, 구성원들이 소용돌이나 물레방아처럼 원을 그리며 움직이는 모습을 보인다. 셋째로, 마치 모기떼처럼 혼란스러운

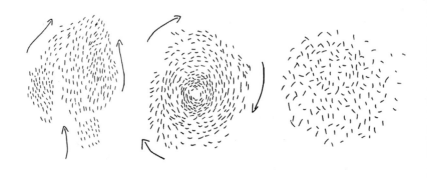

자연과 모델에서 관찰할 수 있는 군집 형태.

군집 모습을 보인다. 모든 구성원이 한데 뭉쳐 있지만 임의로 움직이는 모습이다. 쿠진-크라우제 모델Couzin-Krause model 또한 매우 추상적이며 단순화된 것이지만 이 모델은 실제 새 떼나 물고기 떼에서 관찰할 수 있는 군집 형태의 세 가지 가능성을 보여주었다. 여태까지 군집에서 이 세 가지 이외의 다른 견고한 형태가 관찰되지는 않았다.

물고기 떼는 이유는 알 수 없지만 소용돌이나 층을 이루는 형태를 자유자재로 번갈아 선택해 움직이는 모습을 자주 보인다. 군집 연구자들은 왜, 어떻게 이런 전환이 가능한 것인지 의문을 품었다. 컴퓨터 모델을 활용한 결과 간단한 움직임 법칙이 집단적으로 작용하면서 이런 전환이 우연히, 갑작스럽게 발생한다는 점을 알 수 있었다. 즉 필연적인 것이며, 집단행동의 창발하는 특성과도 관련이 있는 것이다. 다른 전환 메커니즘은 필요 없다. 연구진이 모델에 개별적인 도망 메커니즘을 설정했지만 군집은 포식자의 공격에도 집단적으로 반응했다. 연구진이 추가한 메커니즘은 아주 간단한 것이었다. 포식자가 다가오면 군집의 구성원들이 방향을 바꿔 헤엄쳐 도망가도록 한 것이다. 그런데 한 물고기가 방향을 바꾸면 가까이에 있던 다른 물고기가 이를 눈치채고 자동으로 움직임을 따라 한다. 모델에 속한 개체들이 포식자의 공격에 대응하는 움직임 양상은 실제 새 떼나 물고기 떼가 깜짝 놀랐을 때 보이는 움직임과 비슷하다. 앞서 설명한 여러 모델과 수많은 개선된 변형 모델을 통해 우리는 각 동물이 인접한 소수의 다른 동물들로부터 받는 지역적 영향이 전체 개체로 퍼지면서 집단행동이 발생한다는 사실을 알 수 있다. 집단은 전체로서 외부의 영향에 빠르고 올바르게 대처한다. 이때 반응을 지휘하거나 다른 개체들이 어떻게 행동해야 하는지를 전부 알고 있는 우두머리는 없다.

이언 쿠진은 여기서 멈추지 않았다. 그는 자연에서 이 모델의 가설을 증명하고자 했다. 쿠진은 2000년대 들어 황금잉어를 대상으로 한 실험을 시작했다. 이 연구 결과 동물과 인간의 집단행동에 대한 이해가 혁신적으로 깊어졌으며 쿠진은 이름을 알리게 되었다.[3] 골든샤이너Notemigonus crysoleucas, 즉 황금잉어의 새끼는 4~5센티미터 정도의 크기이며 자연에서는 수면 바로 아래에서 떼를 지어 움직인다. 쿠진은 실험을 위해 가로 2미터, 세로 1미터, 깊이 수 센티미터인 수족관을 만들고 황금잉어 150마리의 움직임을 위에서부터 관찰했다. 어떤 개체들끼리 서로 정보를 교환하는지 더 정확하게 측정하기 위해 쿠진과 동료들은 모든 물고기의 위치, 방향, 움직임을 아주 정확하게 포착하는 특별한 소프트웨어를 개발했다. 물고기들을 갑자기 위협하면 물고기 떼 전체로 도망가려는 움직임이 확산하는데, 이때 컴퓨터 프로그램으로 어떤 개체가 어떤 개체를 보고 반응하는지 정확히 측정할 수 있었다. 그 결과 각 황금잉어는 가까이에 있는 소수의 동료들이 보내는 신호에만 반응했지만, 그럼에도 정보는 전체 물고기들 사이에서 빠르게 퍼졌다.

이탈리아에서는 안드레아 카바냐[Andrea Cavagna]와 동료 연구진이 로마의 찌르레기 떼를 대상으로 비슷한 실험을 진행했다.[4] 이들은 국립박물관 지붕에 카메라를 여러 대 설치하고 2년 넘게 각기 다른 방향에서 날아오는 찌르레기 떼의 모습을 촬영했다. 특별히 개발한 알고리즘을 활용해 연구진은 각 찌르레기의 위치와 속도를 프로그램으로 재구성했다. 매우 정확한 분석 결과, 찌르레기들은 소규모 그룹을 이루어 인접한 소수의 찌르레기들에게만 반응했다. 한편, 찌르레기 사이의 거리는 탄력적으로 변화했다. 각 찌르레기는 고유의 정보망은 물론 이웃과 연결된 견고한 정보망을 갖고 있어서 근접한 이웃의 방향 전환에만 반응한다. 황금잉어처럼 찌르레기도 지역적인 정보만 받아들이는 것이다. 두 실험은 이론적인 모델을 만드는 기반이 되는 간단하지만 근본적인 법칙을 확인한 것이었다.

대규모 군중

그렇다면 과연 인간은 '떼'로 모여 있을 때 어떻게 행동할까? 행동생물학자인 옌스 크라우제는 이를 확인하기 위해 동료들과 함께 대규모 군중을 대상으로 실험을 진행했다.

연구진은 사람들도 사전에 확인한 원칙과 비슷한 집단행동 양상을 보이는지 알아보고자 했다. 이들은 자원한 실험 참가자 200명을 넓은 강당에 넣고 지름 30미터 정도의 원을 그리며 서게 한 다음 각 참가자들이 무작위로 움직이도록 했다. '고(Go)'라는 신호를 받으면 참가자들은 다음 규칙에 따라 행동했다. 첫째로 평소와 비슷한 속도로 움직일 것, 둘째로 옆 사람과 너무 멀리 떨어지지 않을 것. 연구진은 참가자들에게 다른 사람들과 같은 방향으로 움직이라거나 서로 충돌을 피하라는 말은 하지 않았다. 그럼에도 실험을 시작하자, 처음에는 다소 혼란스러운 모습이 연출되었지만 약 30초 정도 지나자 집단적인 이동이 시작되었다. 집단적인 이동은 대개 모든 구성원들이 순환하듯이 움직이는 소용돌이 형태를 보인다. 때로는 뚜렷한 소용돌이 2개가 생기는 경우도 있다. 안쪽 소용돌이에서는 사람들이 한쪽 방향으로 움직이고, 바깥쪽 소용돌이에서는 반대 방향으로 움직인다. 물고기와 새 떼의 개체들이 서로 나란히 움직이는 것 같은 모습

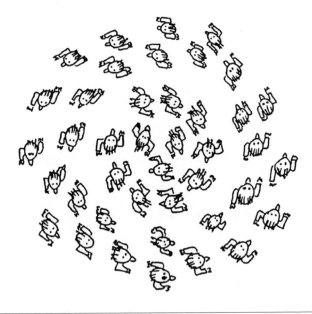

여러 사람들이 무리 지어 움직이도록 하면 한순간에 중심이 같은, 혹은 때때로 방향이 반대인 소용돌이 형태가 만들어진다.

이다. 명백한 요청이 없어도 사람들은 우리가 이미 모델에서 확인한 방향성의 법칙을 따랐다. 이 법칙은 소용돌이 형태가 만들어지는 데 꼭 필요하다.

비슷한 시기에 독일의 물리학자 디르크 헬빙Dirk Helbing이 인간의 행동에 잘 맞도록 다듬은 또 다른 수학적-물리학적 모델을 개발했다.[5] 헬빙은 보행자의 역학을 물리학적인 지식과 수학적인 법칙으로 묘사하고 설명하고자 노력한 선구적인 과학자 중 한 명이다. 그의 연구의 출발점은 전통적인 이상기체의 역학과 물리학적인 입자, 그중에서도 그것들 사이에서 작용하는 힘에 의해 속도와 방향을 바꾸는 입자다. 구조적으로 따지면 헬빙 모델은 뉴턴의 운동 방정식과 비슷하다. 기체 내에서 분자는 자유롭게 움직이며 마치 당구대 위의 당구공처럼 서로 충돌한다. 당연히 한데 뭉쳐 움직이는 사람들 또한 서로에게 반응하지 않는다면 충돌할 것이다. 실제로 우리는 가끔 남과 부딪친다. 헬빙은 물리학적인 힘을 '사회적인 힘'으로 확대했다. 보행자들은 대개 목적지를 갖고 움직이기 때문에 자신이 원하고 선호하는 방향으로 움직인다. 어떤 사람이 길을 막고 있거나, 다른 사람이 너무 가까이 오면 두 번째 사회적 힘이 작용한다. 이 힘은 자석의 같은 극처럼 서로를 밀어내는 힘이다. 그래서 보행자는 길이 가로막히거나 다른 사람이 방해가 되면 방향을 조금 바꿔 방해물을 피한다. 방향을 바꿀 수 없다면 두 사람이 충돌할 수 있다. 두 사람은 서로를 밀어낼 것이다. 이때 물리학적인 과정과 마찬가지로 마찰이 발생한다.

헬빙은 컴퓨터 시뮬레이션으로 다양한 상황을 설정했다. 간략한 예시를 하나 소개하겠다. 바로 보행자들이 양쪽 방향으로 이동하는 인도다. 보행자의 밀도가 낮다면 아무런 구조가 생기지 않고, 각 사람은 다른 사람을 피해 직선 경로를 따라 목적지로 향한다. 그러다가 특정한 보행자 밀도를 넘어서면 군대개미들이 만들어낸 것과 같이 자동으로 평행한 구조가 발생한다. 인도의 넓이에 따라 보행자들이 이동하는 경로는 때로는 두 줄, 때로는 세 줄이다. 연구진이 이 모델로 예측한 내용이 나중에 실험으로 증명되었다. 연구진은 참가자들에게 터널 안을 오른쪽 혹은 왼쪽 중 한쪽 방향으로 지나가라고 말했다. 그런 다음 보행자의 밀도를 다양하게 조절했다. 그러자 헬빙의 모델에서 확인한 것처럼 특정한 인구밀도를 넘어야 양쪽 방향에서 정돈된 구조가 나타났다. 그 누구도 신호를 주지 않았는데도 말이다.

헬빙의 사회력 모델Social force model은 러브 퍼레이드나 메카를 찾은 순례자들처럼 사람이 굉장히 많은 상황에 적용할 수 있을 만큼 보편적이다.[6] 모든 보행자들이 한쪽 방향으로만 움직이도록 하고 보행자의 밀도를 높이면 집단이 움직이는 속도는 일정하게 유지된다. 그런데 임계밀도에 도달하면 갑자기 속도가 급격하게 줄어든다. 속도가 서서히 줄어들거나 느리게라도 움직이는 정체가 아니라 모든 움직임이 즉시 정지하는 현상이 나타나는 것이다.

특히 길에서 병목현상이 발생하면 이동하던 사람들의 움직임이 순식간에 멈춘다. 병목현상이란 길이 좁아져 많은 사람들이 지나가지 못하는 것을 말한다. 하지만 이것만으로는 충분하지 않다. 모델로 예상한 바에 따르면 사람이 점점 많아짐에 따라 보행자들의 흐름이 세 단계로 나타났고, 오직 이 세 가지 단계만이 존재했다. 첫 번째 단계는 층류 단계다. 이 단계에서는 사람들이 꾸준한 속도로 앞으로 나아가기 어렵다. 두 번째 단계는 전형적인 정체 단계다. 사람들이 자주 발걸음을 멈추는 정체가 발생한다. 앞으로 나아가는 속도는 확연히 줄어든다. 방학 기간에 대도시나 고속도로에서 차를 몰다 보면 갑자기 정체가 발생하는 현상을 자주 겪었을 것이다. 그런데 보행자들 사이에서는 세 번째 단계가 나타난다. 바로 군중 난류 단계다. 러브 퍼레이드와 메카에서 재앙을 불러일으킨 바로 그 현상이다. 이미 앞서 살펴보았듯이, 군중이 갑자기 무질서하게 흐르는 액체처럼 움직이면서 강력한 압력의 불안정이 발생하고 이에 따라 거대한 집단으로 뭉쳐 있던 사람 중 일부분이 다른 사람들보다 빠르게 이리저리 움직인다. 헬빙 모델은 각 보행자가 따르는 간단한 움직임 법칙만으로 보행자 흐름에서 나타날 수 있는 각기 다른 결과를 정확히 묘사하고 재현할 수 있었다.

더 중요한 것은 이 모델이 사건 발생 전에도 위험한 군중 난류를 인식할 수 있는 것처럼 상황이 임계점으로 치달을 수 있다는 예측 정보를 전달한다는 사실이다. 임계현상이 통계적으로 측정 가능한 변동을 보이고 보행자들의 밀도가 임계점에 임박했을 때 변화가 나타나는 것처럼 말이다. 이 모델은 말하자면 위험한 상황이 발생하기 전에 조기 경보 시스템을 작동시킨다. 이 모델 덕분에 군중 난류가 발생하는 것을 막을 유도 시스템이 만들어졌다. 이 시스템은 각자 움직이고 있는 군중의 통계적인 변화를 자동으로 측정한다. 이때 촬영된 영상을 알고리즘이 실시간으로

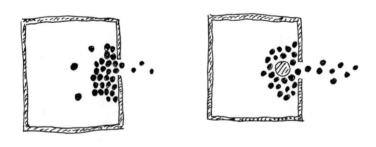

대피 상황에서 발생하는 혼란. 그런데 비상구 앞에 장애물을 세우면 사람들이 훨씬 빨리 대피할 수 있다.

분석해 군중 난류가 발생할 징조를 포착하고 미리 경고한다. 이 기술의 도움으로 2006년 미나에서 발생한 비극 이후 순례자 유도 시스템을 개선할 수 있었다.

대규모 군중을 제어할 때는 도무지 가능하리라고 상상조차 할 수 없는 희한한 조치를 취해야 한다. 예를 들어 큰 공간에 모여 있던 사람들이 재빨리 대피해야 할 때, 많은 사람들이 동시에 비상구로 몰린다. 그러면 비상구 근처의 인구밀도가 높아져 정체가 발생한다. 헬빙 모델이 제시한 바에 따르면 커다란 출입구가 하나 있을 때보다 절반 크기인 작은 출입구가 2개 나란히 있을 때 사람들이 대피하는 속도가 훨씬 빨랐다.[7] 우리는 현실에서 더 놀라운 사실을 목격했다. 비상구에서 1미터 정도 떨어진 곳에 장애물을 세워둘 때 대피 속도가 더 빨라진 것이다. 이것 또한 헬빙 모델이 예측한 내용이다. 모델에 따르면 비상구 앞에 기둥이나 벽을 세우면 군중이 저절로 두 갈래로 나뉘면서 교대로 비상구를 빠져나가므로 정체나 군중 난류가 형성될 가능성이 희박했다. 이 예측 또한 대피 실험을 통해 증명되었으며 실제로 콘서트장 같은 대규모 건물에는 이런 조치가 시행되었다.

집단지성

◻————◻

개미, 물고기, 새, 보행자의 집단적인 움직임은 매우 복잡해 보이지만 이는 집단행동의 부분적 관점일 뿐이다. 집단이 의사결정을 할 때, 전체가 각 개인의 원래 상태보다 더 똑똑해지는(혹은 더 멍청해지는) 현상은 특히 흥미롭다. 동물들이 집단이 되었을 때 더 똑똑해지는지 아니면 더 멍청해지는지는 따지기 쉽다. 그런데 우리 인간을 두고 생각하면, 우리가 집단을 이뤄야 각 개인의 원래 지능보다 더 똑똑해진다는 사실을 받아들이기가 힘들다. 인간의 집단지성(혹은 집단 어리석음)의 예시는 매우 다양하다.

그 예시를 알아보기 전에 다시 군대개미로 눈을 돌려 보자. 개미들이 스스로의 몸을 활용해 보금자리를 만드는 것은 놀라울 정도로 조화로운 행동이다. 개미들은 집단으로서 더 많은 일을 할 수 있다. 병정개미들이 먹잇감을 습격하러 갈 때는 울퉁불퉁하고 낙엽으로 뒤덮인 열대우림의 바닥에 길을 만들어야 한다. 쉽지 않은 일이다. 개미들은 길에 움푹 파인 곳이 있으면 직접 그 안으로 들어가 구멍을 채우고, 다른 개미들이 그 위를 밟고 지나가도록 한다. 이언 쿠진이 실험실에서 증명한 바와 같이 개미들은 스스로의 몸을 이용해 다리를 만들기도 한다.[8] 개미들이 만든 다리는 최소한의 구성원만을 활용해 최대한의 안정성을 추구하

◻————◻

는 구조물이다. 스스로 다리가 되는 개미들은 사냥에 참가할 수 없기 때문이다. 개미 집단이 수학적인 최적화 문제를 해결한다는 것은 집단지성이 존재한다는 명확한 증거다.

사납기로 악명 높은 붉은 불개미 또한 군대개미와 마찬가지로 지능적으로 행동한다. 붉은 불개미는 원래 남미에 살았지만 현재는 미국 남부에서 생태학적인 문제를 일으키고 있다. 이 호전적인 개미는 인간을 자주 공격하며 심지어 홍수가 발생해도 살아남을 정도로 생존 능력이 뛰어나다. 장대비가 쏟아지기 시작하면 붉은 불개미는 빗방울이 땅에 떨어지는 소리 신호를 파악한다. 붉은 불개미 떼의 일개미들은 서로를 단단히 붙잡아 살아 있는 뗏목이 되어 홍수가 난 물 위를 떠다니며 가장 안쪽에 자리 잡은 여왕개미와 애벌레들이 익사하지 않도록 보호한다. 번식을 위해 수컷 개미 몇 마리도 안전한 곳으로 피하고, 나머지 개미들은 아래로 내려가 뗏목이 된다. 이렇듯 개미들은 각자의 결정에 따라 뗏목이 되거나 다리가 된다. 개미들은 대체 어떤 이유로 자신의 위치를 선택하고, 모든 개미가 똑같은 일을 하지 않는 걸까? 군대개미들은 어떻게 자신이 다리를 만드는 일을 도와야 할지 아니면 약탈에 나서야 할지 알고 있는 걸까?

집단의 의사결정 과정

무리를 지어 살아가는 곤충들에게는 복잡한 행동을 야기하는 특정한 자극 법칙이 있다. 그렇다면 과연 우리 인간은 어떤 이유로 행동에 나설까? 우리는 어떻게 의사결정을 내릴까? 인간의 자유의지는 어떤가? 집단의 모든 의사결정이란 심리적인 그리고 개인적인 요소에 의해 내려지는 것이 아닌가? 우리는 집단일 때 언어적 그리고 비언어적 의사소통과 설득, 절충을 거쳐 결정을 내리지 않는가? 우리는 이미 개인으로서도 지능이 높기 때문에 집단으로 모였을 때 더 똑똑해지는 것이 아닌가? 흥미롭게도 우리 인간은 집단적인 행동을 위한 합의나 다수결 결정을 내릴 때 물고기나 개미와 크게 다르지 않다.

　동물들의 의사결정 과정을 더 깊이 이해하기 위해 이언 쿠진은 황금잉어를 대상으로 아주 특별한 실험을 진행했다.[9] 황금잉어는 학습 능력이 있는 물고기다. 심지어 색을 인식하고 구분할 수도 있다. 쿠진은 황금잉어 몇 마리를 어항 내의 노란색으로 표시한 부분에서 먹이를 찾도록 훈련시켰다. 또 다른 몇 마리는 파란색으로 칠한 부분에서 먹이를 찾도록 훈련시켰다. 그런 다음 물고기들을 한데 섞고, 어항 내의 한 면에 두 가지 색으로 칠한 먹이 공간을 마련하고, 두 공간 사이의 거리가 점차 달라지도록

해 실험을 진행했다.

　각기 다른 색으로 칠한 부분에서 먹이를 찾아 먹도록 훈련된 물고기 그룹을 '노란색 그룹'과 '파란색 그룹'이라고 하자. 쿠진은 노란색 그룹과 파란색 그룹의 물고기를 한데 섞었다. 예를 들어 노란색 그룹에서 5마리, 파란색 그룹에서 5마리, 혹은 각기 다른 숫자 조합으로 실험을 진행했다. 이 물고기들을 한 공간에 풀어두면, 각 물고기에게는 두 가지 힘이 작용한다. 하나는 각 개체가 먹이를 찾아 먹었던 색에 대한 선호도이고, 다른 하나는 무리를 떠나고 싶어 하지 않는 성질이다. 우리 사람들도 이런 갈등에 대해 잘 알고 있다. 두 그룹의 황금잉어를 한 어항에 풀어두면 처음에는 물고기 떼가 응집해서 먹이가 있는 방향으로 움직인다. 그러다가 결정을 내려야 하는 순간이 온다. 물고기가 무리를 벗어나는 일은 매우 드물었다. 물고기들에게는 무리 지어 머물러야 한다는 힘이 더 크게 작용했다. 만약 노란색 그룹과 파란색 그룹의 힘의 비율이 동일하다면(두 그룹의 물고기가 각각 5마리씩으로 똑같다면) 물고기 떼는 하나로 뭉쳐 노란색 혹은 파란색 배경 중 한쪽 방향으로 움직였다. 그런데 만약 한쪽 그룹의 물고기 수가 더 많다면, 물고기들은 매번 다수결을 따랐다. 즉 파란색 그룹이 6마리, 노란색 그룹이 5마리 있는 물고기 떼는 파란색 그룹의 결정을 따랐다. 물고기들은 숫자를 셀 수 없음에도, 아주 자연스럽게 다수의 뜻을 따른 것이다.

이후 한 가지 색을 선호하도록 훈련된 황금잉어와 아무런 훈련을 받지 않은 황금잉어를 대상으로 비슷한 실험을 진행했다. 이 경우에는 당연하게도 훈련을 받은 황금잉어들이 무리를 주도해 먹이가 있는 곳으로 향했다. 이 실험으로 내릴 수 있는 결론은 다음과 같다. 큰 집단일수록 집단 전체를 올바른 방향으로 이끌 우두머리의 비율은 낮다. 즉, 그룹이 크면 클수록 각 우두머리가 미치는 영향의 범위가 커진다. 이 모든 실험 결과는 수학적인 대규모 집단 모델에서도 드러났다. 해당 모델은 실험으로 증명된 행동을 정확히 예측했다. 실제 행동에는 궁극적으로 각기 다른 힘이 서로 충돌했다. 앞서 언급했듯 무리의 응집력과 각 개체가 선호하는 방향이다.

합의가 발생하는 과정

황금잉어-민주주의 실험 모델로 실험으로는 간단하게 증명할 수 없는 의문을 해소할 수 있다. 의견이 매우 강하고 지배적인 소수가 반대 의견을 가진 온건한 다수와 만나면 어떤 일이 벌어질까? 황금잉어 실험으로는 정확한 답을 찾을 수 없다. 황금잉어를 지배적인 개체와 온건한 개체로 정확히 나눌 수 없기 때문이다. 그런데 모델에서는 이런 요소를 적용할 수 있다. 사람들 사이에서도 목소리가 큰 몇 사람이 의견이 다른 다수를 지배하고 자신들의 뜻을 관철하는 일이 꽤 흔하다. 실제 황금잉어 실험이 아닌 모델을 사용한 실험에서 소수의 지배적인 파란색 그룹과 다수의 온건한 노란색 그룹을 함께 두면, 소수의 파란색 그룹이 의사결정을 한다. 즉, 소수 그룹을 더 지배적으로 설정하고 다수를 온건하게 설정하면 다수결에 따른 결정이 발생하지 않는다.

그렇다면 만약 다수가 중립적인 개인들이라면 상황이 어떻게 바뀔까? 정치적으로나 사회적으로나 중립적인 대중이 목소리가

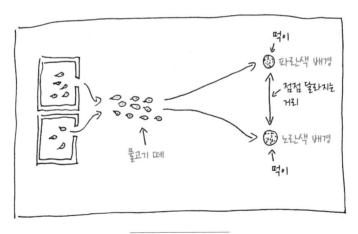

황금잉어-민주주의 실험

큰 선동가들을 도와주어 결국 다수의 중립성이 적극적인 소수의 효과를 강화하는 일이 흔하다. 그런데 희한하게도 컴퓨터 모델에서는 정반대인 결과가 나왔다. 지배적인 소수와 온건한 다수가 있는 그룹에 중립적인 구성원을 투입하자 지배적인 소수의 영향이 약해져서 결국 다수의 의견이 관철되었다. 중립적인 구성원의 수가 많아질수록 그룹 전체가 다수의 의견을 따를 가능성이 높았다.

옌스 크라우제와 동료들이 진행했던 보행자 실험에서는 소수가 다수를 이끈다는 증거를 찾을 수 있다. 연구진은 실험을 시작하기 전에 모든 참가자들에게 쪽지를 전달했다. 대다수는 아무 내용이 없는 쪽지를 받았다. 이들은 원래 정해진 원칙, 즉 되도록 그룹에서 벗어나지 말고 평범하게 걸어가면 되었다. 몇몇 소수는 특정한 지시가 적힌 쪽지를 받았다. 다른 사람들에게 쪽지의 내용을 발설하지 말고 강당 끄트머리에 있는 칠판 방향으로 걸어가라는 것이었다. 실험을 시작하자 전체 그룹은 서서히 칠판 방향으로 이동하기 시작했다. 누가 그 무리를 이끌고 있는지 알지 못한 채로 말이다. '정보를 전달받은 소수'가 집단 전체를 특정한 방향으로 유도했다. 이 실험에서도 우리는 정보를 가진 소수가 나머지 다수를 지배한다는 사실을 알 수 있다.

또 다른 실험에서 연구진은 각각 반대되는 정보를 가진 두 그룹을 만들었다. 이 실험에서는 다수가 자신들의 의지를 끝까지 관철했고, 그러다 보니 서로 다른 목표(칠판)에 도달하기 위해 두 그룹의 사람들이 각기 다른 방향을 향해 이동하느라 길게 이어진 줄이 만들어지기도 했다. 아마도 사람들은 무의식적으로 집단행동을 통해 더 나은 의사결정에 도달하려는 경향이 있는 것으로 보인다.

물론 사람들이 현실에서 그룹을 지어 목표한 방향에 도달하기 위해 체육관이나 강당 안에서 돌아다니는 일은 거의 없을 것이다. 이런 '실험실 환경'에서 얻은 관찰 결과와 이론이 현실적이고 자연스러운 상황과 얼마나 관련이 있을지는 의문이다. 그럼에도 실험 결과로 얻은 지식은 매우 중요하다. 사람들이 직접적으로 혹은 명확하게 정보를 교환하지 않고도 일치된 의사결정을 내릴 수 있다는 사실을 알 수 있기 때문이다.

옌스 크라우제는 동료들과 함께 완전히 다른 종류의 실험을 진행했다. 현실에서는 전문가 집단이 더 나은 결정을 내릴 수 있을지, 만약 그럴 수 있다면 그것은 어떤 조건일 때 발생하는 것인지 알아보려는 실험이었다.[10] 연구진은 피부암 및 유방암 전문가 140명이 내린 의학적인 진단 2만 건을 취합했다. 그러자 서로 교류가 없는 작은 전문가 그룹이 내린 진단보다 전체 전문가 그룹으로서 내린 진단이 통계적으로 더 옳았다. 그룹 내 가장 뛰어난 전문가의 개별적인 진단보다 그룹으로서의 진단이 더 나은 경우도 많았다. 다만 팀 내에서 진단 결과가 완전히 갈릴 경우에는 그룹으로서의 수행 능력이 떨어졌다. 어쨌든 그룹은 가장 뛰어난 구성원 개인보다 더 나은 결정을 내릴 수 있다.

그런데 그룹 내에 명성이 높은 구성원이 있고, 나머지 구성원들이 그 사람이 누구인지 알고 있다면 결과가 조금 달라졌다. 그럴 때는 팀으로서의 수행 능력이 다시 증가했는데, 평범한 구성원들이 명성이 높은 '우두머리'의 의견을 따르는 모습을 보였기 때문이다. 그리고 그런 모습이 그룹 전체에 영향을 미쳤다.

집단적인 여론 형성

앞서 살펴본 모든 측면은 가치 있는 것이지만, 한 가지 본질적인 부분을 포함하지 않았다. 의견과 판단은 언제든 바뀔 수 있다는 사실이다. 지금까지 설명한 예시에서는 각 구성원의 상황에 대한 판단이 일정하게 유지된다는 전제가 깔려 있었다. 먹이를 찾으러 가는 물고기나 무리 지어 움직이는 보행자들이나 강당에서 이동하는 사람들에게는 확신이 아주 중요한 힘이었으며 실험 과정 중에 바뀌지 않았다.

그런데 현실은 다르다. 예를 들어 투표자들은 지지 정당을 바꾸기도 하고, 정치인들 본인이 신념을 바꾸기도 한다. 그래서 사람들이 집단적인 의사결정을 하더라도, 그 과정에서 개인이 의견을 바꾼다면 일이 복잡해진다. 이미 내려진 결정은 다시금 구성원들의 의견 다양성에 영향을 줄 수 있고, 대화와 모든 구성원의 영향에 의해 각자의 의견이나 설득 방식 등이 결정된다. 즉, 의견이 어떻게 전파하고 그룹이나 사회 내에서 어떻게 확정되는지를 알아야 집단행동을 이해할 수 있다. 도널드 트럼프^{Donald Trump}가 2016년부터 2020년까지 재임 기간 동안 400일을 골프장에서 보내고 2만 2,000번이나 거짓말을 했음에도 2020년 미국 대통령 선거 때 왜 7,000만 명이나 되는 미국인들이 트럼프를 뽑았을까? 큐어넌^{QAnon}*의 활동을 비롯해 다른 여러 음모론이 우리 사회에서 공감을 얻고 널리 퍼지는 이유는 무엇일까? 사람들 사이에 어떤 메커니즘이 작용하기에 필터버블^{Filter bubble}**과 반향실 효과^{Echo chamber effect}***가 발생하는 걸까? 어떻게 양극화와 정치적 극단주의, 포퓰리즘이 생기는 걸까? 이 모든 사회적인 현상은 사람들

---

*   2017년에 미국에서 조직된 극우 음모론 단체의 명칭.
**   이용자의 관심사에 맞춰 필터링된 인터넷 정보로 인해 편향된 정보에 갇히는 현상.
*** 기존의 신념 체계에 갇힌 이용자가 뉴스 미디어로부터 정보를 접하면 자신과 의견이 같은 사람들하고만 교류하여 의견이 증폭 및 강화되고 같은 입장을 지닌 정보만 계속해서 받아들이게 된다. 필터버블, 확증편향 등과 비슷한 개념이다.

의 의견과 설득을 통해 발생하며 매우 역동적인 과정이다. 전 세계적으로 포퓰리즘과 정치적 양극화가 심해진 것은 확실하다. 2020년에 독일의 경제학자 마누엘 풍케[Manuel Funke], 모리츠 슐라리크[Moritz Schularick], 크리스토프 트레베슈[Christoph Trebesch] 등이 60개국의 지난 120년간의 정부를 조사했는데, 그 결과 1980년부터 포퓰리즘적인(특히 우익 포퓰리즘적인) 정부가 5~25% 정도 늘어났다.[11]

2018년에 재커리 닐[Zachary Neal]이 1973년부터 2016년까지 미국 상원과 하원의 정치적 양극화를 탐구했다.[12] 닐은 모든 법안을 조사해 각 법안마다 민주당과 공화당의 어떤 정치인들이 참여했으며 초당파적인 연결, 즉 각기 다른 정당 출신 정치인들의 협력이 얼마나 자주 발생했는지 알아보았다. 그리고 매해의 결과를 협업 연결망으로 나타낸 다음 네트워크 이론적인 방식을 활용해 연구했다. 시각화한 협업 연결망을 보면 1980년부터 민주당과 공화당 출신 정치인들 사이의 연결이 점차 감소하는 것을 한눈에 알 수 있다. 또한 상원과 하원이 정치적으로 거의 완전하게 상반되는 형상으로 나뉘었다는 점을 확인할 수 있다.

이런 변화를 일으키고 촉진한 요소는 무엇인가? 알다시피 소셜 미디어가 공동 책임을 져야 한다. 현대에 접어들며 실질적으로 모든 사람이 모든 정보에 접근할 수 있게 됐고, 정보 플랫폼마다 주로 다루는 관심사가 다르다. 20년 전에도 물론 각 사람들의 정치적 의견이 달랐지만, 그때만 해도 다수가 의존하는 정보의 원천이 적었다. 대부분의 사람들이 같은 정보를 접하고 각기 다른 결론에 도달했다. 그런데 인터넷과 소셜 미디어가 생기면서 사람들이 각기 다른 원천에서 정보를 얻고 저마다 실증되지 않은 가설을 세우고 정보를 소비만 하던 사람들이 이제는 자신만의 확신을 담은 주장을 널리 퍼뜨리기 시작했다. '대안적 사실Alternative facts'은 유행어가 되었다. 이에 따라 인과관계가 뒤바뀌었다. 예전에는 확신이 객관적인 사실에 근거한 것이었다면 오늘날에는 사람들이 '사실을 만들어내고' 확신을 조작하여 강화하는 일이 늘었다. 이런 효과가 더욱 강력해지는 곳이 페이스북과 트위터 같은 소셜 미디어다. 소셜 미디어는 신념이 같은 사람들이 서로 곧장 정보를 교환할 수 있는 공간이다. 과거에 우리는 직접 만나 대화를 나누고 굳이 찾지 않아도 우연히 만나는 이웃과 수다를 떨면서 다양한 의견을 접했다. 하지만 오늘날 세상은 나와 신념이 같은 사람들끼리만 모이기 쉬운 곳이 되었다. 이 주장에는 근거가 있다. 그런데 과연 그 과정을 양적으로 증명할 수 있을까? 여론은 어떤 법칙에 따라 형성되는가? 어떤 효과가 불가피하고, 어떤 요소가 지배적인가?

전통적인 여론 형성 모델

여론 형성과 실제 사회적 연결망(온라인 연결망이 아닌)에 관한 연구는 역사가 긴 학문 분야다. 전문가들은 간단한 수학적 모델을 만들었다. 여태까지 우리가 살펴보았던 다른 모델과 마찬가지로 여론 형성 모델 또한 추상적이고 이상화된 것이지만 그럼에도 그룹이나 사회 내에서 발생하는 여론 형성 역학의 근본적인 측면을 잘 보여준다. 이 모델에서는 의견 분포의 견고함, 의견의 다양성, 의견의 동질화, 의견의 편향, 사회적인 기준의 변화 등이 중요한 요소다. 여론 형성 모델의 보편적인 목표는 특정한 주제에 관한 의견 분포를 조사하는 것이다. 다만 어떤 주제에 관한 의견 분포를 정확하게 측정하기보다는 보편적인 구조를 이해하는 것이 훨씬 중요하다. 의견 분포를 표로 나타내면 명확하게 범주화된 결과를 볼 수 있다.

사람들이 찬성 또는 반대로 답할 수 있는 설문 조사를 만들어 답변을 숫자로 나타내면 그 범위는 다음과 같다. '-5, -4, -3, -2, -1, 0, +1, +2, +3, +4, +5.' -5는 아주 강한 반대를, +5는 아주 강한 찬성을 나타낸다. 실제 설문 조사 결과, 답변의 분포는 대부분의 답변이 중립적인 영역에 존재하는 구조를 보인다. 즉, 극단적인 답변은 적고 중립적인 답변은 많은 형태다. 만약 결과에서 극

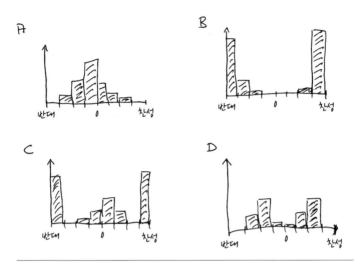

의견 분포 형태는 각기 다르다. 그래프 A의 경우 대부분의 사람들이 중립적이다. 반대 혹은 찬성 의견이 극단적일수록 더 적은 사람들이 강한 의견을 표명한다. 그래프 B의 경우 의견이 양극화되었다. 이 그래프에는 오로지 극단적인 답변밖에 존재하지 않는다. 그래프 C의 경우 극단적인 의견을 가진 사람들과 중립적인 사람들이 모두 존재한다. 그래프 D의 경우 의견이 찬성과 반대로 양분되었지만 극단적이지는 않다.

단적인 답변이 많이 나온다면 질문의 주제가 양극화된 것일 가능성이 높다.

가장 잘 알려진 여론 형성 모델이 바로 투표자 모델이다. 미국의 수학자인 토머스 리게트Thomas Liggett와 리처드 홀리Richard Holley가 1975년에 만든 것이다.[13] 이 모델의 한 변형 모델에서는 각 사람이 연결망의 노드 역할을 한다. 모든 노드는 두 가지 의견 중 하나만을 선택할 수 있다. +1 혹은 -1, 빨간색 혹은 파란색, 왼쪽 혹은 오른쪽 등 그 값은 원하는 대로 설정하면 된다. 모든 노드는 연결망 내 이웃으로부터 영향을 받는다. 처음에 노드들은 임의로 의견을 부여받으며, 분배는 50대 50이다. 모델의 역학은 다음과 같이 정의된다. '투표자'는 임의의 순서로 선택되고 역시 임의로 선택된 이웃의 의견을 따르게 된다.

물론 현실에서는 벌어지지 않는 일이다. 그럼에도 시스템 내에서 여론 구조가 형성되는 과정과 결과는 매우 흥미롭다. 어느 정도 시간이 지나면 같은 의견을 가진 노드들끼리 모여 섬을 이

투표자 모델과 다수결 모델에서는 짧은 시간 내에 의견이 같은(이 그림에서는 검은색 혹은 하얀색으로 표시된) 지역적인 연결망이 나타난다. 그러다가 한 가지 의견만 살아남는다.

룬다. 연결망 내에서 두 가지 의견이 만나는 경계선에서는 역동적인 움직임이 포착된다. 그러다가 시스템 내에서 발생한 우연한 파동에 의해 한 의견이 우세해진다.

투표자 모델로 우리는 아주 강력한 한 가지 의견만으로 구성된 여러 연결망 덩어리가 만들어질 수 있는지 알아봐야 한다. 물론 의견의 다양성을 설명하기란 어렵다. 투표자 모델을 확장한 것 중 하나가 소위 '다수결' 모델이다. 이 모델에서도 각 노드가 한 가지 의견을 갖는다. 각 노드가 갖는 의견은 이웃한 다른 노드들 사이에서 우세한 의견이다. 이 시스템을 임의로 초기화하면, 얼마 지나지 않아 각 지역이 투표자 모델에서보다 훨씬 강력한 동일 의견을 갖게 된다. 다수결 모델에서는 곧 한 가지 의견만 살아남는다.

투표자 모델과 다수결 모델에서는 의견의 수는 중요하지 않다. 결과는 항상 똑같다. 이 두 모델이 유명한 이유는 컴퓨터 없이도 수학적 분석이 가능하기 때문이다. 오늘날 우리는 더 복잡한 수학적 모델도 컴퓨터 시뮬레이션의 도움으로 연구할 수 있다. 앞선 모델보다 조금 더 현실적인 접근법을 따르는 모델로는 2000년에 프랑스의 기욤 데퓨앙Guillaume Deffuant이 만든 모델이 있다.[14] 이 모델에서는 의견이 연속적인 스펙트럼 내의 값을 갖는다. 예를 들어 −1부터 1 사이의 값을 가지는 것이다. 눈금의 끝은 가장 극단적인 의견을 나타내고, 0은 중립적인 의견을 나타낸다. −1인 의견이란 예를 들어 '저는 고속도로에서의 속도 제한을 강력하게 반대합니다'라는 의견이고, +1인 의견은 '강력하게 찬성하는' 것이다. 0인 의견은 이 주제에 '별다른 반응이 없는' 의견이다. 이런 식으로 찬성과 반대 의견이 갈리는 수많은 주제를 대략 묘사할 수 있다.

데푸앙 모델에서는 의견이 다른 두 사람이 만나면 타협한다. A라는 사람은 0.22라는 값을, B라는 사람은 0.46이라는 값을 갖고 있다고 하자. 평균값은 0.34다. 두 사람이 합의를 위해 의견을 교환한다면 모두 원래의 의견값에서부터 평균값 0.34쪽으로 움직인다. 즉, 두 사람의 의견이 서로 가까워지는 것이다. 연결망 모델에서는 링크로 연결된 모든 노드 사이에서 동시에 이런 과정이 일어나므로 전체 연결망에서 어떤 의견이 주 의견으로 받아들여질지는 정확히 알 수 없다. 연결망 내 모든 곳에서 계속해서 의견이 변하기 때문이다. 그런데 합의는 두 노드의 의견이 너무 강하게 반대되지 않을 때에만 발생한다. 예를 들어 값이 −0.41인 의견과 0.67인 의견이 만나고 신뢰 구간이 겨우 0.3이라면 타협하기 쉽지 않다. 두 의견의 값이 1.08이나 떨어져 있기 때문이다. 그래서 이 모델은 '제한적 신뢰 모델Bounded confidence model'이라고 불린다. 의견 스펙트럼 내에서 신뢰 구간이 얼마나 넓은지가 시스템의 매개변수다.

　범위가 -1부터 1까지인 의견들이 임의로 분배되어 있는 연결망 모델에서 컴퓨터 시뮬레이션을 시작하면, 얼마 지나지 않아 구성원들의 의견이 통일된 견고한 의견 클러스터가 만들어진다. 클러스터가 구성원들의 합의된 의견 범위 내에 머무는 한 더 이상의 변화는 일어나지 않는다. 가끔 합의된 의견과는 거리가 먼 개별적인 '극단주의자'가 산발적으로 나타나기도 한다. 이들은 합의된 의견을 가진 이웃과 멀리 떨어져 있고 타인을 신뢰하지 않으므로 온건한 노드들로부터 영향을 받지 않는다. 데퓨앙의 모델은 강력한 의견 클러스터를 생성해 낼 수 있는 첫 번째 모델이었다. 또한 고립된 극단주의자들의 존재와 그들이 매우 강력한 의견을 갖고 있기 때문에 더 이상 다른 노드들로부터 영향을 받지 않는다는 점을 설명할 수 있는 첫 번째 모델이었다. 다만 이 모델은 전체 사회가 어떻게 급진화하거나 양극화하는지를 설명하지는 못했다.

급진화와 양극화

과학자들은 오랜 시간 동안 간단한 의견 모델과 개선된 데퓨앙 모델의 변종을 활용해 강력하게 양극화된 의견 혹은 급진화가 어떻게 만들어지는지 설명하고 그 데이터를 설명하고자 노력했지만 안타깝게도 그 근본을 파헤치지는 못했다. 2018년이 되어서야 수학자 야오리창Yao-Li Chuang과 물리학자 마리아 리타 도르소냐Maria Rita D'Orsogna, 캘리포니아 대학교 로스앤젤레스 캠퍼스University of California Los Angeles, UCLA의 수학자 톰 추Tom Chou 등이 급진화와 극단주의가 확산하는 다양한 측면을 묘사할 수 있는 모델을 만드는 데 성공했다.[15] UCLA 모델이라 불리는 이 모델 또한 수학적인 모델로, 여론 형성 법칙의 역학을 설명하며, 연속적인 의견 스펙트럼을 기반으로 하고 모든 의견은 −1부터 1 사이의 값을 갖는다. 다만 '극단적인 의견'과 '급진성'을 구분하는 데 차이가 있다. 오래된 모델에서는 항상 의견 스펙트럼의 경계에 있는 의견이 급진성과 동일시되었다. 즉, 0.95나 −0.97 같은 극단적인 의견값을 갖는 사람은 모델에서 열성적이고 과격한 개체로 묘사되는데, 그렇다고 이들이 반드시 급진적인 것은 아니다. 작은 값을 갖는 의견은 온건하다. 좋은 예가 미국 중서부에 사는 아미시Amish들이다. 아미시는 기독교의 일파로 종교의 엄격한 규율을 중시하며 지금도 현대 문명을 거부하고 극단적인 생활양식을 따른다. 전기나 자동차를 사용하지 않으며 현대적인 삶의 양상을 대부분 거부한다. 폭력 또한 절대적으로 거부한다. 아미시들은 극단적이기는 하나 급진적이지는 않다. 자신들과 다른 삶의 양식을 따르는 사람들을 무조건 거부하거나 공격하지 않는다. 이들은 사고방식이 다른 사람들에게도 관대한 모습을 보인다.

UCLA 모델에서 급진성은 두 가지 종류로 나타난다. 자신과 다른 생각을 수용하려는 혹은 배척하려는 태도다. 종교를 믿지만 급진적이지는 않은 열정적인 신도는 값이 +1인 의견을 가지며 무신론자에게 부정적인 감정이 없다. 값이 −1인 의견을 가진 단호한 무신론자 또한 신앙심이 깊은 사람을 배척하지 않는다. 두 사람은 얼마든지 토론을 할 수 있으며 서로의 의견에 귀를 기울인다. 그런데 급진적인 사람은 애초부터 자신과 다른 의견에 무조건 반대하며 그런 주장을 하는 사람들도 탐탁지 않게 여긴다. 그래서 원칙적으로는 중립적인 의견을 가진 사람들도 급진적일 수 있다. 이들 또한 종교적이든 아니든, 좌파든 우파든 다른 의견을 가진 모든 사람들에게 반대하기 때문이다.

UCLA 모델에서는 각 개인의 의견은 물론 급진성까지 바뀔 수 있다. 의견의 값이 −1부터 1까지 이어지는 연속적인 스펙트럼 사이에 있다면 한 개인의 급진성은 두 가지 변수, 즉 '급진적이다' 혹은 '급진적이지 않다'로만 묘사될 수 있다. 한 개인이 급진적인지 아닌지는 그 사람이 다른 사람들의 의견에 어떤 태도를 보이는지에 따라 결정된다. 급진적이지 않은 사람들은 다른 사람들의 의견이 어떤 것이든 과격하지 않고 열린 태도를 보이며 의견이 다른 사람에게도 다가갈 수 있다. 그러나 급진적인 사람들에게는 부정적으로 반응하며 극단적이고 과격한 사람들과는 점점 거리를 둔다. 반면 급진적인 사람들은 자신과 같은 의견에는 매우 긍정적인 반응을 보인다. 이때 그들과 같은 의견이 급진적인지 아닌지는 상관이 없다. 하지만 자신과 다른 의견을 보이는 사람에게는 그게 누구든 부정적으로 반응한다.

그렇다면 이 모델에서 의견 변동과 급진성은 어떻게 생겨날까? 이때 결정적인 역할을 하는 것이 주변의 의견이다. 만약 자신과 주변의 의견 사이에 갈등이 깊어진다면 그 사람은 급진적인 사람이 될 수 있다. 주변과 자신의 의견이 같다면 갈등이 발생하지 않는다. 약간의 의견 다양성은 수용 가능하다. 그런데 개인의 의견이 주변 사회의 의견과 완전히 다르다면 급진화가 더욱 명확해진다. 그러면 개인은 더욱더 주변의 평균적인 의견과는 거리를 두게 되고 의견이 다른 타인들과 더 큰 마찰을 겪는다. 결국 이 개인이 급진화할 가능성은 더욱 높아진다. 급격한 급진화가 진행되면 전체 인구가 양극화하고, 의견의 다양성은 줄어들며 극단적인 의견이 차지하는 비중이 높아진다.

우리는 정치, 건강, 양육, 교육, 종교 등 다양한 분야의 여러 질문에서 앞서 살펴본 것처럼 역동적이고 장기적인 변화 과정을 관찰할 수 있다. 오랜 시간에 걸쳐 나타나는 양극화, 극단주의, 급진성 등은 UCLA 모델이 예측한 사례를 따른 것이다. 간단한 모델로도 놀라울 정도로 정확한 의견 분포를 예측할 수 있으며 그 말은 우리가 주변 사람들로부터 매우 강력한 영향을 받아 의견을 내린다는 뜻이다. 개인의 의사결정 및 숙고 과정이 여론 형성에 미치는 영향은 우리가 생각하는 것보다 훨씬 적다.

필터버블과 반향실 효과

그렇다면 지난 몇 년 동안 이런 과정이 진행되는 속도가 빨라진 이유는 무엇일까? 모델로는 간접적으로 설명할 수밖에 없다. 모델의 근본적인 측면 중 하나가 의견 사이의 긴장 상태다. 이것으로 사람들은 자신이 누구와 의견을 교환해야 할지 알 수 있다. 모델 내에서는 인적 범위가 변하지 않는다. 그런데 바로 이런 측면이 온라인 공간과 소셜 미디어의 등장으로 완전히 바뀌었다. 오늘날 우리는 셀 수 없이 많은 정보의 원천에 접근할 수 있다. 또 우리가 의견 사이의 긴장을 느낄 수 있는 사회적인 구조 또한 훨씬 빠르게 변하고 있으며 과거에 비해 훨씬 유연하고 역동적이다. 그렇기 때문에 왜 바로 지금 급진화와 극단주의, 양극화가 급격하게 늘어났는지를 설명하는 모델에 주목해야 한다. 이런 모델은 사회적 연결망의 근본적인 측면을 고려한다. 바로 '사회적 동질성Social homophily'이다. 쉽게 말해 '사람은 끼리끼리 모인다'는 말이다. 우리는 같은 의견을 가진 사람들과 사회적 연결을 유지하는 것을 선호한다. 이미 아리스토텔레스가 『니코마코스 윤리학』에서 사람들은 자기 자신과 비슷한 사람을 사랑한다고 언급한 바 있다. 반대되는 사람과 가까워질 수는 있지만 그 사람과 오랜 관계를 유지하는 일은 드물다. 과학적 증거 또한 사람들이 애초에 자신과 의견이 비슷하거나 같은 사람들과 어울린다는 사실을 뒷받침한다. 소셜 미디어의 시대에는 페이스북이나 트위터 연결망을 조사하고 평가해 사회적 동질성 경향을 더 자세하게 수량화할 수 있다.

2011년에 과학자 필립포 멘처Filippo Menczer가 단문을 올리는 소셜 네트워크 서비스인 트위터의 데이터를 조사했다.[16] 멘처는 같은 정치 캠프에 가입해 있다는 소속감이 사용자 간의 연결에 강한 영향을 미치며, 같은 정치 캠프에 속한 사람들 사이의 연결성은 미국 상원과 하원에서 볼 수 있었던 양극화와 비슷한 양상이라고 설명했다. 사람들은 트위터라는 새로운 연결망에서 서로 정보를 주고받고 영향을 미친다. 완전히 다른 의견 클러스터로 분리되어 있는 사람들이 트위터 내에서 의견이나 정보를 교환하는 빈도는 낮다. 한편 트위터 같은 공간에서는 정보는 물론이고 가짜 정보나 '대안적 사실'이 통용되는 필터버블이 형성된다. 반향실 효과라는 개념이 이를 잘 설명한다. 트위터에서는 사람들이 소리 내 외치는 내용이 울려 퍼진다. 21세기에는 정보가 소셜 미디어에서부터 퍼지기 시작한다. 그런데 소셜 미디어의 구조는 정보 그 자체만큼이나 빠르게 변한다. 그러므로 우리는 정보가 퍼지는 과정뿐만 아니라 의견 스펙트럼과 연결망 구조가 서로 어떻게 영향을 미치는지까지 이해해야 한다.

이미 2006년에 네트워크 과학자인 페테르 홀메^{Petter Holme}와 마크 뉴먼^{Mark Newman}이 단순하면서도 역동적인 연결망 모델을 개발해 필터버블이 형성되는 과정을 연구했다.[17] 이 모델에서는 의견이 얼마든지 바뀔 수 있고, 사람들은 다른 사람의 의견에 영향을 받아 자신의 의견을 바꿀 수 있다. 게다가 사람들은 자신의 연결망 구조도 바꿀 수 있다. 즉, 이 모델의 노드들은 자신과 의견이 다른 노드와의 연결을 끊고 자신과 의견이 비슷한 노드와 새로운 관계를 맺을 수 있다. 이 모델은 두 가지 시나리오를 예측했다. 이런 과정을 거쳐 전체 연결망에서 합의된 의견이 만들어지거나, 아니면 동일한 의견을 가진 노드들로만 구성된 필터버블이 발생하리라는 시나리오다. 필터버블 내의 노드들은 더 이상 다른 의견을 수용하지 않기 때문에 필터버블 안에서는 노드들이 모두 동의하는 의견만이 살아남는다.

이 두 시나리오의 결과를 종합하면 다음과 같은 결론에 도달한다. 동질적인 그룹이 형성되면 극단주의나 급진성이 발달하는 것을 막을 수 있다. UCLA 모델에서는 어떤 노드와 주변 노드들 간의 의견 차이가 클 때 급진성이 발생했다. 자신과 다른 의견에 강하게 반대하기 때문이다. 우리에게 사회적 동질성을 추구하는 경향이 있다는 사실, 즉 같은 의견을 선호한다는 사실만으로도 우리 인간에게는 조화를 원하는 깊은 욕망이 있다는 것을 알 수 있다. 우리는 주변 사람들로부터 인정받기를 원하고 긍정적인 피드백을 얻기를 바라며 항상 확인받고 싶어 한다. 소셜 미디어 플랫폼의 사회적 연결이 유연해야 시스템이 평화를 유지할 수 있다.

정보의 흐름과 소셜 미디어의 구조를 자세히 살펴보면 각 개인이 같은 의견을 가진 사람을 찾고 그들과 연결되는 한편 다른 의견이나 경향과는 대립한다는 것을 알 수 있다. 미국 중서부에 사는 아미시들과 다르게 온라인상에서 사람들은 불쾌한 자극으로부터 스스로를 보호하거나 고립될 수 없다. 페이스북이나 트위터의 뉴스 피드에서는 모든 사람들이 늘 다른 사람들에게 때로는 급진적인 생각을 전달하고 의견 갈등을 부추긴다. 그럴수록 같은 의견을 가진 사람들의 결속은 강해지고 사회의 양극화는 심해진다. 정치적 성향이 반대인 두 집단이나 서로 견해가 다른 두 집단 사이의 담화가 너무 적어서 이런 일이 발생하는 것이라고 주장하는 사람도 있다. 다른 의견에 자주 노출되면 온건해질 수 있다는 것이다. 그러나 과학자들의 주장은 다르다.

2018년에 어떤 과학자들이 사람들이 자신과 다른 의견을 마주했을 때 보이는 반응을 연구한 적이 있다.[18] 연구진은 민주당을 지지하는 투표자와 공화당을 지지하는 투표자를 대상으로 실험을 진행했다. 각 실험 참가자들은 특정한 주제에 대한 자신의 생각을 말해야 했다. 첫 번째 질의응답 시간이 지나고 몇몇 참가자들은 다른 정당을 지지하는 사람들이 쓴 정치 신문 기사나 블로그 글을 읽고 다시 질문에 답했다. 그 결과 이들의 원래 의견이 더욱 확고해졌을 뿐만 아니라 급진적으로 변했다. 어쩌면 우리는 다른 의견에 노출될 때 그것이 극단적이기보다는 온건해야만 내 의견을 바꿀 의지가 생기는지도 모른다. 나와 다른 의견이 극단적이면 나 또한 극단적으로 대응하고 만다.

여론 형성, 극단주의 발생, 포퓰리즘, 급진성은 알다시피 복잡한 현상이며 다층적이어서 그 과정을 간단한 수학적인 모델로 축소해 나타내기란 어렵다. 간단한 수학적 모델에서는 각 구성원이 의지와 의식이 없으며 수학적인 규칙을 따르는 요소로 묘사된다. 어쨌든 그럼에도 이 모델이 많은 것을 예측하고 설명할 수 있다는 점은 고려해야 한다. 그것이 궁극적으로 중요한 사실이다. 모델은 우리가 여러 과정을 쉽게 이해할 수 있도록 도와주는 도구다. 모델을 활용해 각 개체의 역학을 찌르레기나 물고기, 군대개미의 집단행동만큼 잘 파악할 수 있다면 인간의 집단적인 행동을 이해하는 데도 도움이 될 것이다. 어쩌면 우리는 찌르레기와 황금잉어, 군대개미로부터 배울 수 있을지도 모른다. 우리는 모두 자유의지를 가지고 있으며 어떤 행동을 할지 안 할지 스스로 결정할 수 있다. 동시에 우리는 개인으로서 자신의 본능을 따르고, 여러 상황에 자동으로 반응한다. 특히 빠른 의사결정이 중요한 상황, 예를 들어 고속도로 위를 달리고 있을 때나 위급 상황일 때는 시간이 없기 때문에 본능이 강해진다. 우리는 자유의지와 본능이라는 두 요소를 받아들이고 내면화했다. 개인의 내면에서 의지와 본능이 싸우는 일도 드물지 않다. 집단행동을 할 때는 상황이 더 세밀하고 복잡하다. 군집 모델과 여론 형성 모델, 그리고 여러 실험 결과 우리가 집단적으로 행동할 때 다양한 자연법칙과 자동증^{Automatism}*, 즉 집단의 본능을 따른다는 사실을 알 수 있다. 집단을 외부적인 힘이라고 볼 때, 우리 개인의 의사결정의 자유가 제한되고 결국 외력에 의해 의견이 결정된다니 어딘

---

* 본인의 의지와 관계없이 이루어지는 행동. 예로 몽유병, 간질, 히스테리성 발작 따위가 있다.

지 모르게 거북하기도 하다. 우리 인간이 다른 수많은 동물들과 비교하여 그리 똑똑하게 행동하는 존재가 아니라는 생각은 더욱 언짢다. 그럼에도 특정한 개인의 반응과 본능적인 행동을 이해하는 것은 매우 중요하다. 게다가 여러 모델의 도움으로 우리는 집단의 자동증을 더 효율적으로 제어해 본능에 따른 행동이 재앙이 되지 않도록 막을 수 있다. 우리가 앞서 살펴본 여러 모델은 집단지성의 장점을 효율적이고 적절하게 활용하는 데 도움이 된다. 예를 들어 우리는 팀이나 조직에서 목소리를 내는 소수나 무능력한 우두머리가 잘못된 결정을 내리지 않도록 막고 평등한 사회계층과 연결망 내에서 더 나은 길을 찾아 더 현명하게 방향을 결정할 수 있다.

— 7장 —

협력

죄수의 딜레마와 장내 세균총에서
배울 수 있는 것

"생명체는 전쟁이 아니라 연결망으로 행성을 정복했다."

- 린 마굴리스, 미국의 진화생물학자

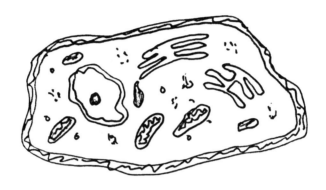

1981년 여름, 나는 열두 살이었고 처음으로 노르웨이에 갔었다. 보이스카우트로서 2주 동안 자유 여행을 하는 건 설레기도 하지만 고되기도 한, 1년 중 가장 중요한 순간이었다. 내가 다니던 교회의 콘라트 프렌첼 목사님이 여행을 계획했다. 청소년 20명과 성인 3명이 폭스바겐 버스 3대에 나눠 타고 2주 동안 야생에서 살기 위해 북쪽으로 향했다. 온 사방에 바다와 숲밖에 보이지 않았다. 다른 사람도, 건물도, 전기도, 화장실도 없었다. 우리가 갖고 있던 거라고는 침낭과 모기에 물린 상처뿐이었다. 카리스마가 넘치며 매우 지적인 프렌첼 목사님은 그때 마흔 언저

리였을 것이다. 늘 어린이나 청소년들과 교류하던 분이다. 어린 시절부터 지금까지 내가 발전하는 데 지속적으로 영향을 미친 가장 중요한 인물 5명을 꼽으라면 그 안에 반드시 들어갈 분이 다. 당시 노르웨이 여행이 지금까지도 내 삶의 절정 중 한순간인 것처럼 프렌첼 목사님도 내 삶의 소중한 인연이다. 다만 나는 시간이 조금 지나서야 그때 여행에서 배웠던 것이 무엇인지 비로소 이해했다.

여행 프로그램에는 '서바이벌'이 포함돼 있었다. 강제적인 것은 아니고 원하는 사람들만 참가하면 되었다. 서바이벌 팀은 야영지에서 20킬로미터 떨어진 곳에서부터 지도와 나침반만 들고 야영지를 찾아가야 했다. 해 질 녘에 우리는 야영지에 잠자리를 마련했고 목사님이 으스스한 이야기를 들려주었다. 나는 다른 소년과 둘이서 땔감을 주워 와야 했다. 그때 땔감을 주우면서 협력이 무엇인지 배웠다. 우리는 서로를 싫어했지만 두려운 순간을 함께 겪었고 협동했다.

사회적인 동물에게 협력적인 행동은 큰 이득이다. 6장 집단행동에서 우리는 개미와 새들이 어떻게 집단으로서 문제를 해결하거나 위험을 피하는지 보았다. 다만 그것은 협력과는 조금 다른 이야기다. 집단행동이란 수많은 비슷한 개체가 특정한 법칙에 따라 같은 행동을 하는 것이다. 집단행동의 효과는 필연적이며 자동으로 생긴다.

그 소년과 나, 근본적으로 서로 다른 개인 둘은 직접적으로, 아주 복잡한 사회적 방식에 따라 협력했다. 친척이든 지인이든 친구든 낯선 사이이든 각 개인 사이에서 발생하는 협력은 매우 복잡하며 다양하다. 사회적인 영장류로서 우리 인간이 정보를 교환하는 방법은 개인 간의 관계와 맥락에 따라 다르다. 우리가 나누는 대화나 협력이 아주 복잡하기 때문에 우리는 스스로를 '슬기로운 사람'이라는 뜻인 호모 사피엔스라고 부른다. 침팬지나 고릴라 같은 다른 영장류는 물론 돌고래나 고래같이 지능이 높은 동물들 사이에서도 복잡한 의사소통과 협력 형태가 발견되기도 한다. 그럼에도 현재 통용되는 연구 결과에 따르면 인간은 의사소통과 협력 분야에서 다른 모든 동물종을 압도한다. 우리는 동물과 식물을 길들였고 그것들과도 소통하고 협력한다. 우리는 반려동물과 소통하고 밀을 세계에서 가장 넓은 영역에서 풍성하게 자라는 식물로 만들었다. 문화, 문명, 기술적인 진보, 법률, 국가 시스템은 사실 인간의 복잡한 협력과 의사소통의 산물이다. 다소 피상적인 관점에서 호모 사피엔스란 협력에 한해서는 가장 발달한 생물학적 존재라고 추론할 수 있다(나는 그렇게 생각하지 않는다).

인간을 야생동물과 비교하면 인간이 훨씬 협력적인 존재라는 해석이 더 강해진다. TV에서 자연 다큐멘터리를 보면 이야기는

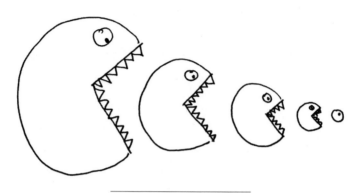

큰 동물이 작은 동물을 잡아먹는다.

대개 자원, 즉 먹이 등을 둘러싼 동물 간의 경쟁과 싸움을 그린다. 매가 들쥐를 사냥하고, 악어가 누의 몸을 뜯고, 거미가 곤충을 독으로 죽이는 모습을 보며 우리는 각 동물종이 얼마나 현명하게 주변 환경에 적응해 사는지, 살아남기 위한 싸움이 얼마나 힘든 것인지, 자연이란 얼마나 잔혹한 곳인지 알게 된다. 암컷 거미가 짝짓기 후 수컷을 잡아먹는 모습을 보며 몸서리를 치기도 한다. 먹고 먹히는 것이 자연의 섭리다. 큰 동물이 작은 동물을 잡아먹는다. 수컷들은 암컷에게 선택받기 위해 싸우고, 더 강한 쪽이 이기면 번식할 기회를 얻는다.

식물 또한 태양의 빛을 받기 위해 나름대로 고군분투한다. 결국 우리가 알 수 있는 내용은 다음과 같다. 모든 것은 경쟁이다. 서로 다른 종이 공생하는 경우는 매우 드물다고 알려져 있다. 우리가 아는 몇 안 되는 예시 중 하나가 식물과 수분 매개자인 벌, 나비는 협력 관계다. 식물은 벌과 나비에게 먹을 것을 주고, 벌과 나비는 식물의 수분, 즉 번식을 돕는다. 또 어떤 새들은 악어나 하마의 입속으로 들어가 기생충을 잡아먹으며 산다. 명백한 윈윈 상황이다. 공생과 상리공생(자유의지에 따라 공생하는 두 종이 모두 이득을 보는 것)은 자연의 부수적인 현상이자 아주 특별한 종들만의 생활 방식으로 여겨진다.

다윈

자연이 어떻게 유지되고 종 사이의 상호작용이 어떻게 벌어지는 지는 오늘날까지도 다윈의 진화론과 관련이 있다. 이것은 19세기 중반부터 20세기 말까지 우리의 사고를 지배하고 있던 이론이다. 다윈은 1859년에 그 유명한 『종의 기원』을 펴냈다.[1] 진화 생물학의 기초를 확립하고 과학계에 혁명을 일으킨 책이다. 가장 중요한 과학자를 가리는 순위에서 다윈이 1위를 차지하는 일도 적지 않다.

찰스 다윈은 방방곡곡을 돌아다녔다. 1831년에는 겨우 스물둘의 나이로 HMS 비글호를 타고 바다로 나가 5년 동안 전 세계를 여행했다. 그때 다윈은 브라질, 칠레, 갈라파고스 제도, 뉴질랜드, 오스트레일리아 등에 들렀다. 예리한 시선으로 자연을 관찰하고 여행 도중에 이미 진화론의 초안을 작성하기도 했다. 다윈은 자신이 관찰한 것 중 특히 다양한 동물과 식물종을 정확하게 비교한 내용을 바탕으로 종의 다양성 발생을 두 가지 근본적인 메커니즘으로 설명할 수 있다는 결론을 내놓았다. 하나는 변이, 다른 하나는 자연 선택이다. 다윈은 종의 특성이 우연에 의해 세대를 거치며 변화한다고 주장했다. 변이된 특성이 주변 환경에 더 잘 적응한다거나 먹이를 쉽게 찾는 데 도움이 된다면 그 특성이 자동적으로 선택되어 후세에 전달된다. '적자생존'은 아직까지도 자주 인용되는 표현인데, 잘못 해석되거나 오용되는 경우가 많은 말이기도 하다. '적자', 즉 적응한 자라는 표현은 진화론에서 아주 중요한 개념이다. 이것은 강하고 빠르고 튼튼한 개체가 살아남는다는 말이 아니라 외부의 조건에 '잘 적응한' 개체가 살아남는다는 말이다. 다만 다윈은 종의 특성과 그 변이가 어떻게 발생하고 다음 세대에 전달되는지는 설명하지 못했다.

비슷한 시기에 오스트리아의 수도사 그레고어 멘델 Gregor Mendel 이 완두콩의 유전에 관해 처음으로 제어된 환경에서 실험을 진행했고 근본적인 수학 법칙을 발견했다. 아마 생물학 수업 시간에 멘델의 법칙을 배운 적이 있을 것이다. 멘델의 유전법칙과 다원의 진화론이 통합되면서 20세기 들어 인간은 자연과 종의 다양성에 관해 이전보다 훨씬 많은 것을 배웠다.

다윈의 진화론이 유명해진 이유는 종의 기원과 발달을 설명했기 때문만이 아니다. 진화론이라는 개념이 19세기 중후반부터 20세기 초반을 거쳐 사회적, 집단적, 정치적인 맥락에서 사용되며 더욱더 널리 알려졌기 때문이다. 존재를 둘러싼 싸움, 자원을 둘러싼 싸움, 경쟁, 다툼 그리고 '적자생존'은 빅토리아 시대에 영국의 엘리트들 사이에서 특히 큰 반향을 일으켰다. 1922년에 영국은 자국 역사상 가장 넓은 식민지를 지배하고 있었다. 전 세계 인구의 4분의 1, 그리고 전 세계 영토의 4분의 1이 영국과 그 식민지에 속했다. 더 강한 자의 법에 따라 백인은 우월한 인종이 되었고 제국주의를 합법화했다. 동시에 다윈의 진화론의 근본적인 문장이 잘못 해석되어 자본주의가 폭발적으로 성장했다. 19세기 말에는 사회다원주의(사회진화론)가 등장했다. 이것은 당시 가장 널리 알려진 사회이론으로 인종주의와 제국주의, 민족주의, 파시즘 등의 이론적인 기반이 되었다.

다윈의 자연과학적인 진화론이 20세기 초반의 정치적 이상과 얼마나 밀접하게 연관돼 있었는지는 당시 가장 유명한 진화생물학자 및 진화이론학자 중 여러 명이 극단적인 우생학자이자 인종주의자였다는 사실을 보면 알 수 있다. 예를 들어 영국의 칼 피어슨Karl Pearson은 수리통계학의 창시자이자 런던에서 가장 오래된 대학인 유니버시티 칼리지 런던University College London, UCL의 통계 연구소 설립자인데, 한편으로는 사회주의자이자 자유사상가, 영국 왕정에 근본적으로 반대하는 사람이었으며 또 다른 한편으로는 우생학자여서 스스로를 '훌륭한' 인종이라 여기고 사회다윈주의를 국가 차원에 적용했다. 즉, 그는 국가사회주의자였다. 피어슨의 동료이자 영국의 과학자인 프랜시스 골턴Francis Galton은 우생학, 즉 인종 우생학의 창시자이며 확고한 인종주의자였다. 찰스 다윈의 사촌이기도 한 골턴은 인종 또한 선택에 의해 개선되어야 한다고 주장했다. 지금도 런던에는 그의 이름을 딴 연구소가 있다. 또 다른 예시가 집단 유전학의 창시자이자 통계학자인 로널드 피셔Ronald Fisher다. 피셔 또한 우생학자였으며 '열등한' 사람들에게 불임 시술을 해야 한다고 주장했다. 제2차 세계대전이 끝난 이후에도 피셔는 주장을 굽히지 않았다. 독일의 의사이자 인종 우생학 연구자인 오트마어 프라이헤어 폰 페르쉬어Otmar Freiherr von Verschuer를 지원하고자 쓴 글에서 피셔는 이렇게 언급했다.

"나치가 특히 결함이 있는 개인을 제거함으로써 독일의 시민들을 위해 진정으로 애쓰고 있다고 믿어 의심치 않는다. 나는 언제든 그런 움직임을 지지할 것이다."[2]

생존경쟁이라는 개념이 개인과 인종, 시민과 국가에 적용되면서 뜻이 왜곡되었고 '적자생존'이라는 개념 또한 잘못 해석되면서 자연과학, 경제학, 사회과학 분야에서 국가사회주의적인 사상이 강해졌다. 안타깝게도 우리는 오늘날까지 사회의 여러 측면에서 그 잔재를 느낄 수 있다. 이런 일이 특히 더 유감스러운 이유는 다윈 본인 또한 자신이 주장한 개념의 불완전함을 이미 알고 있었기 때문이다. 그는 자신의 주장이 각기 다른 자연의 메커니즘을 설명하기에는 부족하다는 것을 알고 있었다.

다윈은 자연을 마치 결투장처럼 묘사했지만 한편으로는 특성의 변이와 자연 선택이 여러 종 사이의 공생과 상리공생을 충분히 설명하기에는 모자라다는 걸 인식하고 있었다. 게다가 그의 이론은 진화가 왜 점진적이 아니라 비약적으로 발생하는지 뒷받침하지 못한다. 다윈은 자연 선택이라는 원칙이 각 개체뿐만 아니라 종 전체에 영향을 미칠 수 있다고 생각했다. 벌이나 개미처럼 사회적인 곤충들 사이에서 개별적인 개체는 그리 중요하게 여겨지지 않는다는 사실은 수수께끼를 남겼다. 또 다윈 진화론의 '적자생존'이라는 간단한 법칙만으로는 무궁무진한 종의 다양성을 설명하지 못한다. 이 이론에 따르면 오히려 종의 다양성이 줄어들어야 한다. 다윈의 진화론이 기껏해야 근사치에 가깝다는 것을 사회다윈주의자들은 의도적으로 무시했다.

다윈 진화론의 기초에는 또 다른 큰 약점이 있다. 특성의 변이와 자연 선택을 변화가 없고 통계적인 환경에서 관찰했다는 점이다. 5장 티핑 포인트에서 보았듯이 실제 생태계에 사는 동물종과 식물종은 워낙 견고하게 연결되어 있어서 한 종의 특성이 변하면 그 결과 다른 종의 특성이 영향을 받고 외부적인 조건이 변할 수 있다. 연결망에서 어떤 노드의 변화를 개별적으로 생각하지 않는 것과 마찬가지다. 연결망은 테두리가 없어 '안'과 '밖'을 구분할 수 없다. 자연의 전체 연결망은 진화 메커니즘의 지배를 받는다. 스튜어트 카우프만은 이것을 "모든 진화는 공진화 Coevolution 다."라고 설명했다. 이것은 다윈 자신도 그 사실을 알고 있었고 자신의 이론의 근본 메커니즘을 간략한 근사치라고 해석했다고 상정한 말이다. 다윈의 진화론이 확대되면서 우리는 적응과 선택이 종 내에서만 발생하는 것이 아니라 각 종이 서로 영향을 주고받으며 함께 뒤섞인 데서 발생한다는 사실을 알았다.

다윈은 자연의 아주 작은 부분만을 관찰하고 결론을 내렸다. 그의 논증 과정은 '거대한' 동물이나 식물을 관찰했을 때 볼 수 있는 현상과 관련이 있다. 그러나 다윈은 미생물의 세계를 알지 못했다. 박테리아와 고세균 같은 미생물의 종 다양성은 모든 식물종과 동물종의 종 다양성보다 10만 배는 더 다양하다. 그러므로 다윈의 진화론은 생명체의 극히 일부분에만 기반을 두고 있는 것이다.

박테리아

방금 전에 미생물을 언급했기 때문에 이제 미생물학에 관해 알아보도록 하자. 다윈이 주장한 진화론이 과학계에 혁신적인 영향을 미치던 시기에 다른 한편에서는 미생물학 역시 폭발적으로 성장했다. 현미경의 성능이 점차 우수해지면서 맨눈으로는 볼 수 없던 생명체를 연구할 수 있게 된 것이다. 과학자들은 모든 생명체가 세포로 구성되어 있으며 세포가 결합하여 인간이나 동물, 식물, 버섯 같은 유기체를 구성한다는 사실을 깨달았다. 당시 과학자들은 각기 다른 유기체의 세포 내부 구조가 비슷하다는 근본적인 사실을 발견했다. 세포에는 핵(나중에 밝혀진 바에 따르면 세포핵은 유전질을 포함하고 있다)과 소기관이 있다. 물론 이것은 세포의 대략적인 구조다. 핵과 소기관은 세포 내에서 발생하는 생화학적인 과정에 중요한 역할을 한다. 19세기 말에는 아주 많은 생명체가 세포 결합을 포기하고 단세포로 지낸다는 것이 밝혀졌다. 이런 단세포 생물 중에는 세포 구조가 식물세포나 동물세포와 비슷한 것들도 있다. 예를 들어 섬모충류나 짚신벌레, 원생생물이라고 부르는 아주 작은 유기체들이다. 한편 동물, 식물, 버섯 그리고 원생생물은 모두 세포핵 하나를 가지고 있다. 우리는 이런 생명체를 진핵생물^{Eukaryote}이라고 부른다(그리스어로 Karyon은 핵

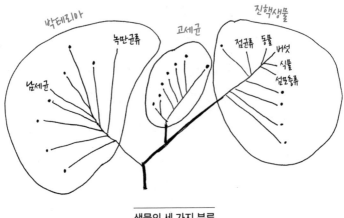

생물의 세 가지 분류

심을 뜻한다).

　또한 과학자들은 훨씬 작고 내부 구조가 복잡하지 않은 단세포 생물을 수도 없이 많이 찾았다. 바로 박테리아와 고세균이다. 처음에는 박테리아와 고세균의 차이를 알 수 없었다. 시간이 오래 지나서야 과학자들은 박테리아와 고세균이 진화 과정에서 아주 이른 시기부터 서로 다른 길을 걸었으며 겉으로 보기에는 매우 비슷하지만 전혀 다른 것들이라는 사실을 깨달았다.

　현대 미생물학과 박테리아학을 창시한 로베르트 코흐^{Robert Koch}와 루이 파스퇴르^{Louis Pasteur}는 특히 박테리아를 자세히 연구했다. 코흐가 남긴 가장 중요한 업적은 박테리아가 인간과 동물에게서 질병을 일으킬 수 있다는 점을 발견한 것이다. 그는 1876년에 탄저병을 일으키는 탄저균$^{Bacillus\ anthracis}$을 배양하고 연구했다. 그다음에는 결핵을 일으키는 병원체를 발견하고 병원체가 전염되는 과정을 자세히 연구했다. 당시에는 과학계를 뒤흔들 정도로 충격적인 성과였다. 1900년까지 21종의 박테리아성 병원체가 확인되었고 연구실에서 배양되었다. 코흐와 파스퇴르의 연구 덕분에 현대적인 병원 위생이 확립되었고 더 나은 질병 예방책이 만들어졌으며 환자들이 효율적으로 치료받을 수 있었다. 또한 그들 덕분에 다른 여러 병원체를 연구실 환경에서 연구할 수 있었고 항생제 같은 약물이 만들어지면서 보건과 위생이 더욱 발전했다. 두 선구자가 이루어낸 약학과 미생물학 그리고 전염병학 분야의 발전은 탁월한 성과였다.

하지만 다윈의 진화론과 마찬가지로 이런 전문 지식이 일반 상식의 영역으로 넘어오면서 일정 부분이 축소 및 간략화 되었고, 그 결과 전반적인 정보가 왜곡되었다. 코흐의 연구 결과는 박테리아에 아주 나쁜 이미지를 부여했고, 이는 오늘날까지도 영향을 미치고 있다. 오늘날 우리가 '박테리아'라는 단어를 들으면, 단박에 떠오르는 이미지는 질병을 일으키는 병원체 혹은 더러운 균이다. 우리가 이런 이미지를 갖게 된 중심에는 코흐가 있다.

그런데 사실 병원성, 즉 사람이나 동물을 질병에 걸리게 만들 수 있는 성질은 매우 드물고 희귀하다. 그리고 박테리아 없이도

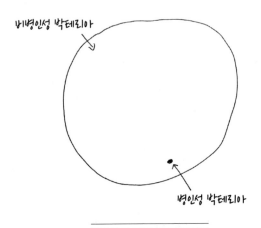

병인성 및 비병인성 박테리아

우리는 질병에 걸릴 수 있다. 박테리아는 사실 많은 동물과 식물이 살아남는 데 필수적인 요소다. 미국의 유명한 미생물학자 엘리오 섀크터^{Elio Schaechter}는 이렇게 말했다.

"박테리아가 질병을 유발할 수는 있다. 그렇다고 병인성 박테리아가 인간이라는 존재의 삶에서 지배적인 역할을 한다고 말하는 것은 지구가 우주의 중심에 있다는 것만큼이나 인간중심적이다."

그럼에도 '박테리아'와 '질병'을 연결하는 생각은 우리 머릿속 깊은 곳에 뿌리박혀 있다. 그런데 우리는 질병을 유발하는 박테리아종과 유발하지 않는 박테리아종 사이의 관계를 완전히 오해하고 있다. 2017년에 로베르트 코흐 연구소 내에 새로운 박물관이 문을 열었을 때 나는 프로젝트 그룹인 '감염성 질병 모델링'의 지도자로서 몇몇 전시에도 관여했다. 모든 전시품을 배치하고 나서도 거대한 한쪽 벽면이 남았다. 나는 그 벽에 원을 2개 그려 하나는 병인성 박테리아의 수를, 다른 하나는 병인성이 아닌 박테리아의 수를 나타내자고 제안했다. 우리가 벽에 그린 원 중 하나는 지름이 2미터인 원으로, 병인성이 아닌 박테리아의 수를 나타낸다. 병인성 박테리아를 나타내는 원의 크기는? 겨우 압정의 머리 크기였다. 로베르트 코흐 연구소에서 일하던 내 동료 중 몇몇도 원의 크기 차이를 보고 깜짝 놀랐다.

공생 발생: 모든 고등 생물의 근원

파스퇴르와 코흐의 업적 덕분에 그들과 동시대를 살았던 다른 과학자들도 대안적인 관점을 얻었고 대상을 다양한 방식으로 해석할 수 있게 됐다. 그리고 현대적인 진화론과 미생물학에 대한 대중의 관심이 높아졌다. 러시아의 미생물학자인 세르게이 위노그라드스키$^{Sergei Winogradsky}$와 네덜란드의 식물학자 마르티뉘스 베이예링크$^{Martinus Beijerinck}$는 생태계에서 박테리아가 어떤 역할을 하는지 연구했다. 두 사람은 여러 박테리아가 자연환경에서 어떻게 신진대사를 조절하고 서로 상호작용을 하는지, 그리고 땅에서 어떻게 질소를 얻어 소화하고, 다른 박테리아나 식물과 상호작용을 하는지 알아내고자 했다. 코흐가 박테리아를 한 박테리아가 하나의 질병만을 일으키는 단일 병원체라고 생각한 것과 달리, 위노그라드스키와 베이예링크는 박테리아를 더 큰 전체에서 아주 의미 있는 요소이자 생물학적인 신진대사를 일으키는 중요한 요소라고 보았다. 이 두 가지 관점은 서로 충돌한다. 20세기 초반에는 성공적인 실험 결과를 내놓은 '코흐파'가 자신들의 의견을 관철할 수 있었다.

위노그라드스키와 베이예링크는 집단적인 전체와 공생 메커니즘을 더욱 강력하게 주장했다. 덕분에 20세기 초반 러시아의 미생물학 분야에서는 미생물과 소위 세포 내 공생체^{Endosymbiont} 이론 그리고 공생 발생^{Symbiogenesis}에 관심을 둔 연구가 활발하게 진행되었다. 공생 발생이란 '서로 다른 유기체가 융합하여 새로운 유기체로 탄생하는 것'을 말한다. 러시아의 생물학자 콘스탄틴 메레시콥스키^{Konstantin Mereschkowski}는 1905년에 동물, 식물, 버섯 그리고 단세포 생물 등 모든 진핵생물이 각기 다른 박테리아성 근본 유기체의 융합에 의해 발생했다는 이론을 내놓았다. 실제로 몇몇 진핵생물의 소기관은 박테리아의 구조와 유사하다. 모든 세포에는 미토콘드리아라는 것이 있는데, 이것은 리케차속^{Rickettsia}의 특정한 박테리아와 비슷하게 생겼다. 리케차속의 박테리아는 세포 내에 기생한다. 박테리아와 마찬가지로 껍질과 게놈, 즉 유전질이 있으며 세포에 영양분을 공급한다. 식물에는 소기관이 아니라 엽록소체라는 것이 있는데, 이것이 광합성을 촉진한다. 엽록소체의 모습 또한 광합성 박테리아인 남세균과 비슷하게 생겼다. 남세균은 빛을 영양분으로 바꾼다. 또 엽록소체에도 유전질이 있다. 메레시콥스키는 비록 유전질에 대해서는 아무것도 몰랐지만, 이 지구상에 오로지 박테리아와 고세균만 존재하던 시절에 어느 순간 고세균 하나가 다른 박테리아를 삼켰고 공생적인 결합이 발생했으며 그것이 곧 고등 유기체의 근간이 되었다고 주장했다.

공생 발생 이론은 그다지 큰 주목을 받지 못했다. 그런데 60년쯤 지나 미국의 생물학자이자 진화이론학자인 린 마굴리스가 이 이론을 다시 끄집어냈다. 마굴리스가 1967년에 발표해 큰 반향을 일으킨 논문에 따르면 공생 발생은 진핵생물 발생의 본질적인 메커니즘이다. 몇몇 생물학자들은 그 과정이 지구상 생명체의 진화에 가장 중요한 것이라고 주장했고 린 마굴리스는 이에 대해 증거에 기반을 둔 이론을 제시했다.

여러 측면에서 볼 때 린 마굴리스는 과학계의 예외적인 현상이었다. 과학이론가인 얀 샙Jan Sapp은 이렇게 말했다.

"진화에 찰스 다윈이 있다면 공생에는 린 마굴리스가 있다."

마굴리스는 1960년대 후반에 처음으로 한 결합 체계 내의 각기 다른 여러 유기체들의 공생적인 행동과 상리공생, 협력, 상호작용 등이 자연을 지배하는 원칙이라고 주장한 과학자다. 이로써 마굴리스는 리처드 도킨스^{Richard Dawkins}나 존 메이너드 스미스^{John Maynard Smith} 같은 신다윈주의자들과는 반대편에 서게 됐다. 신다윈주의자들은 개별 개체와 '적자생존'이라는 전통적인 생각을 고수하고 생존을 둘러싼 싸움이나 자원을 둘러싼 종 사이의 경쟁에 주목한다. 도킨스의 유명한 저작인 『이기적 유전자』가 바로 이런 내용을 주장하는 책이다.

린 마굴리스가 스물아홉의 나이로 세포 내 공생에 관한 획기적인 논문을 발표하기 전에, 수많은 전문지가 해당 논문의 게재를 거부했다. 당시로서는 지나치게 혁신적인 내용이었기 때문이다. 마굴리스의 이론이 유전자 시퀀싱이라는 신기술을 통해, 그리고 미토콘드리아와 엽록체에 유전질이 있다는 사실이 밝혀짐을 통해 빛을 보기까지는 그 이후로도 수십 년이 걸렸다. 여러 미생물 사이의 상호작용에 관한 수많은 연구 결과를 남기며 마굴리스는 자연에 존재하는, 특히 미생물의 세계에서 협력하며 공생하는 관계는 법칙이지 예외가 아니라는 증거를 계속해서 제시했다. 그중 전설처럼 회자되는 것이 린 마굴리스와 리처드 도킨스의 공개 토론이다. 도킨스가 이렇게 물었다.

"그렇게 복잡하고 경제적이지도 않은 공생 발생을 왜 그렇게 강조하는 겁니까?"

마굴리스는 이렇게 답했다.

"그것이 존재하니까요."

이 짧은 대화는 두 전문가의 관점의 차이를 여실히 보여준다. 도킨스는 자신이 주장하는 이론을 뒷받침하는 경험적 증거는 적극적으로 고려하지만 반대되는 증거는 무시한다. 마굴리스는 냉정한 관찰을 거쳐 무엇이 존재하는지 확인한 다음에야 상황을 설명하는 이론을 발전시켰다.

생물학계의 반항아인 린 마굴리스와 신다윈주의자들 사이에 있었던 논쟁의 주제는 그저 공생 발생이 모든 고등 생명체의 근원이라는 사실만이 아니었다. 마굴리스에 따르면 바로 이런 협력과 공생으로 가는 비약적인 발걸음이 근본적인 요소가 되어 진화가 발생한다. 전체 시스템에서 새로운 연결이 발생하면서 개별적인 요소가 서로 만나지 않고 의존하지 않으며 점진적으로 진화할 때와는 달리 갑자기 다른 방식으로 기능이 활성화된다는 사실이 그녀의 이론으로 증명되었다. 이로써 다윈이 이미 의구심을 품은 적이 있던 수수께끼 중 일부가 풀렸다. 다윈의 이론은 각 종이 점진적으로 변화하는 이유를 설명할 수는 있지만 완전히 새로운 구조나 특성이 나타나는 이유를 설명하지는 못한다. 마굴리스는 종 사이의 새로운 관계와 새로운 상호작용, 예를 들어 협력적인 공생 관계나 상리공생을 통해 새로운 시스템이 발생할 수 있다는 견해를 내놓았다. 공생 발생은 그저 한 가지 예시일 뿐이다. 생명은 새롭고 매우 긍정적인 협력 행동이 발생함으로써 세상을 정복했다고 마굴리스는 말했다. 그런 변화는 대개 미생물 분야에서 시작되었다. 그리고 미생물 분야는 간과되기 쉽다.

미생물과 협력하기

○─────□

누구나 이끼가 무엇인지 알 것이다. 연녹색부터 짙은 녹색, 때로는 붉은색이기도 한 이끼는 돌이나 바위 위에 얼룩처럼 붙어 있다. 많은 사람들이 이끼를 식물이라고 생각한다. 대부분 녹색이기 때문이다. 그런데 사실 이끼는 아주 특이한 생명체다. 이끼는 여러 유기체가 결합해 하나의 생명체를 이룬 결과물이다.

지구의 지표면 중 대략 5%가 이끼로 뒤덮여 있다. 이끼는 어디서나 자라지만 성장이 아주 느려서 1년에 약 1밀리미터 정도 자란다. 이끼는 굉장히 오래 살 수 있다. 어떤 이끼는 4,500살에서 8,500살 정도다. 이끼는 대부분 버섯과 조류, 그리고 다른 남

○─────□

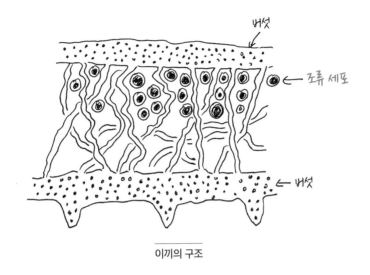

이끼의 구조

세균으로 이루어져 있다. 조류와 남세균이 결합체에 광합성 에너지를 전달한다. 식물에 속하지 않는 버섯은 스스로 광합성을 할 수 없다. 대신 버섯은 조류를 보호하고 결합체에 유리한 조건을 제공한다. 전형적인 상리공생이다. 흥미롭게도 이 결합체의 일원들은 혼자서도 살 수 있다. 즉, 이끼를 이루지 않고도 살 수 있는데, 다만 형태는 완전히 다르다. 이끼는 말하자면 선택적인 유기체다. 표현형, 모양, 구조, 형태학 등은 어떤 버섯종과 어떤 조류종이 결합했는지에 따라 달라진다. 이끼는 표현형으로 총체적인 유기체를 구성하기 때문에 흥미로운 생명체다. 변이의 진화 메커니즘과 선택이 개별적으로 관여한 버섯이나 조류종뿐만 아니라 전체 결합체에 직접적으로 영향을 미치는 점도 특이하다.

바로 이것이 린 마굴리스가 주장한 내용이다. 그녀는 자연이 경쟁이 아니라 협력을 통해 지구를 지배했다고 말하며 앞선 내용을 덧붙였다. 협력의 원칙은 간단한 윈윈 상황을 거치며 널리 퍼진다. 협력을 통해 새로운 총체적인 유기체가 발생하며, 그 역동적인 진화 과정에서 새로운 생명체가 나타난다. 이끼가 공생하는 유기체라는 사실은 이미 1970년대에 밝혀진 내용이지만 이끼는 당시 예외적인 현상이자 자연의 변종으로 여겨졌다.

전생명체

시간이 지날수록 과학자들은 유기체 간의 협력적인 연결을 더 많이 발견했다. 특히 고등동물 및 식물과 미생물 간의 결합이다. 사람들은 연구를 거쳐 그 어떤 동물이나 식물도 미생물과의 협력적인 결합 없이는 존재할 수 없다는 사실을 알게 되었다. 그럴 수 있는 동식물은 단 한 종도 없다. 모든 식물과 모든 동물은 체내 혹은 체외에 미생물을 달고 있다. 이 미생물들은 동식물이 살아가고 건강을 유지하는 데 꼭 필요하다. 인간의 소화기관, 입, 피부에만 해도 수천 종의 각기 다른 박테리아종이 살고 있다. 5장 티핑 포인트에서 이미 짧게 언급한 바 있는 내용이다. 그런데 미생물과 이런 관계를 맺고 살아가는 것은 인간만이 아니다. 미생물 집단 전체의 유전체 총합을 뜻하는 미생물군유전체^{Microbiome}라는 개념은 이제 일상적인 것이 되었다. 우리 몸의 안팎 어디에나 미생물이 있기 때문이다. 인간 혈액을 구성하는 물질 중 30% 이상이 우리 자신이 아닌 우리 몸 안에 사는 박테리아로부터 만들어진다. 앞서 말했지만 인간은 약 100조 개의 인간 세포로 이루어진다. 우리 몸의 소화기관에는 그만큼 많은, 혹은 그보다 많은 박테리아 세포가 살고 있다. 순수하게 세포의 수로만 따진다면 사실 우리는 인간이라기보다는 박테리아다.

모든 생명체는 미생물과 협력하는데, 유기체 내에서 이런 협력 과정은 아주 다양한 방식으로 발견된다. 대부분의 척추동물의 소화 체계 내에서 미생물은 아주 유연한 생태계를 구성하고 이른바 숙주의 식습관에 적응한다. 그러니 소화기관 내의 미생물을 부가적이고 조절 가능한 장기라고 말할 수도 있을 것이다. 다른 종에게 미생물과의 협력은 아주 특별하다. 흔하지만 아주 흥미로운 진딧물인 완두수염진딧물^{Acyrthosiphon pisum}을 살펴보자. 이 진딧물은 약 80개의 특별한 체세포, 즉 균세포^{Bacteriocyte}로 구성된다. 완두수염진딧물을 현미경으로 자세히 관찰하면 부크네라 아

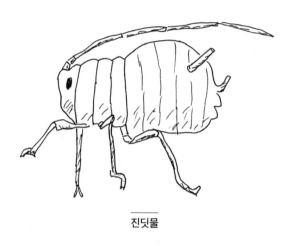

진딧물

피디콜라Buchnera aphidicola라는 작은 박테리아를 찾을 수 있다. 80개 밖에 안 되는 균세포 내에 박테리아가 최대 500만 개가량 살고 있다. 박테리아들은 그 안에서 무슨 일을 할까? 이 박테리아들은 당분자와 아미노산을 재가공해 진딧물의 신진대사를 돕는다. 진딧물은 그 임무를 세포 내에 있는 박테리아에게 맡긴다. 세포 내 공생체인 부크네라 아피디콜라는 암컷 진딧물이 낳는 알을 통해 후손 진딧물에게 전달된다. 약 1억~3억 년 전, 티라노사우르스 렉스가 지구상에 나타나기도 전이자 복잡한 생명체가 지구에 등장하고 얼마 지나지 않았을 무렵부터 진딧물과 박테리아는 공생 관계를 맺고 있었다. 진딧물과 박테리아는 아주 오랜 시간 지속적으로 협력하고 있다. 그런데 진딧물과 박테리아의 밀접한 협력 관계가 오랜 시간 이어지다 보니 박테리아는 자신의 유전질 대부분을 잃어버렸다. 이 박테리아종은 진딧물의 세포 내에서만 살고 거기서 번식하기 때문에 숙주 세포 밖에서 살아가기 위해 필요한 유전자가 더 이상 필요하지 않았다. 그래서 부크네라 아피디콜라의 게놈은 모든 생명체 중 가장 작다.

위글스워시아 글로시니디아 Wigglesworthia glossinidia 라는 박테리아종은 체체파리의 균세포 내에 살며 효율적인 공생 관계를 이룬다. 수많은 곤충들이 세포 내 공생체인 박테리아를 '키우고' 있다. 바퀴벌레도 마찬가지다. 다른 동물들에게서도 훌륭한 공생 관계를 찾을 수 있다. 예전에는 콘볼루타 로스코펜시스 Convoluta roscoffensis 라고 불리던, 속칭으로는 로스코프 지렁이 혹은 민트소스 지렁이 등으로 불리는 납작한 녹색 지렁이가 있다. 현재의 학명은 'Symsagittifera roscoffensis'다. 아무튼 이 지렁이는 태어날 때 특별한 입을 갖고 있는데, 놀랍게도 다른 소화기관은 없다. 어린 지렁이가 미세 조류를 먹으면 이것이 지렁이의 피부 아래로 마치 실처럼 이어진 다음 점점 늘어나고 정착한다. 지렁이가 자라면 입이 사라진다. 이후 지렁이는 일생 동안 직접 먹이를 섭취하지 않는다. 대신 새끼 때 섭취해 피부 아래에 저장해 둔 미세 조류가 광합성을 하면 지렁이가 에너지와 영양분을 얻는다.

특히 흥미진진한 예시를 하나 더 소개하겠다. '하와이 짧은 꼬리 오징어$^{Euprymna scolopes}$'라고 불리는 아주 작은 오징어는 몸길이가 대략 3센티미터 정도이며 천적이 아주 많다. 그런데 매우 현명한 방식으로 스스로를 보호한다. 밤에 달빛이 비치면 오징어의 그림자가 포식자의 눈에 띄게 되는데, 이 오징어는 스스로 빛을 내서 달빛에 섞여 들어감으로써 천적의 눈을 피한다. 이런 생물발광(유기체가 빛을 내는 능력)은 오징어가 아니라 오징어에 붙어사는 박테리아 알리이피브리오 피셰리$^{Aliivibrio fischeri}$가 내는 것이다. 이 오징어가 갓 부화했을 때는 아직 박테리아와 공생하지 않는다. 오징어는 자라면서 복잡한 과정을 거쳐 박테리아를 습득한다. 오징어의 몸에 오직 생물발광하는 알리이피브리오 피셰리만을 받아들이고 발광 기관까지 이동시키는 관이 있고, 박테리아는 이 관을 통해 발광 기관에 도달한 다음 오징어가 먹는 영양분을 섭취하고 번식한다. 매일 아침마다 오징어의 체내에 있던 박테리아 중 90%가 다시 주변 바다로 흩뿌려지는데, 그 박테리아를 새로 부화한 새끼 오징어가 받아들인다. 곤충과 세포 내에 공생하는 박테리아와 달리 오징어와 생물발광 박테리아의 관계는 느슨한 편이다.

더 재미있고 신기한 협력적 공생 관계는 얼마든지 찾을 수 있다. 자연에 존재하는 모든 생명체가 미생물과 함께 살며 협력하기 때문이다. 예외는 없다. 복잡한 다세포 생물이 처음으로 등장

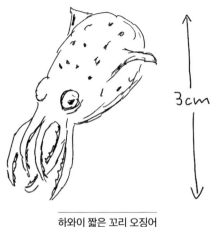

3cm

하와이 짧은 꼬리 오징어

하기 훨씬 전부터 박테리아와 고세균이 이 세상에 살고 있었다는 사실 또한 이제는 놀랍지 않다. 미국의 과학자 스콧 길버트^{Scott Gilbert}와 얀 샙 그리고 알프레드 토버^{Alfred Tauber}는 우리가 생명체를 해석하는 방식이 바뀌게 된 전환점을 제목으로 삼아 중요한 과학적 연구 결과를 남겼다. 바로 「공생적 인생관: 우리는 개인인 적이 없다^{A symbiotic view of life: We have never been individuals}」다.[3] 모든 고등생물이 예외 없이 미생물과 연결되어 있기 때문에 우리는 미생물과의 공생이 고등생물이 발생한 약 5억 년 전부터 존재했으리라고 생각해야 한다. 우리는 혼자서 존재했던 적이 없다. 이런 결론은 진화론에도 광범위한 영향을 미쳤다. 전통적인 진화론적 시선에서 자연현상을 관찰하는 것은 근본적으로 각 개별 개체와 그 개체의 상태를 관찰하는 것이나 마찬가지였기 때문이다. 그러나 실제로는 개별 개체를 관찰하는 것이 수박 겉핥기식의 접근법이었던 셈이다.

모든 고등생물이 미생물과의 상호작용을 필요로 한다. 인간이 겪는 수많은 만성 질병이 미생물의 기능 장애 때문에 발생한 것이다. 모든 반추동물과 초식동물은 기본적으로 소화기관 내에 있는 박테리아에 의존한다. 이 박테리아들은 셀룰로오스(섬유소)를 작은 분자 단위로 분해한다. 연구소에서 실험용으로 자라는 쥐들은 무균 상태, 즉 미생물이 전혀 없는 상태인데(사실 이렇게 쥐를 키우기란 매우 어렵다) 수명이 대단히 짧다. 몇몇 연구 결과, 농촌에서 자라며 자연에서 수많은 미생물종과 접촉하고 '더러운 것'을 만지며 놀았던 아이들은 알레르기에 걸릴 가능성이 매우 낮다. 대부분의 포유동물의 배설기관과 산도는 물리적으로 아주 가까운 위치에 있는데, 그 덕분에 새끼가 태어나면서 중요한 장내 세균에 '감염될' 수 있다. 새끼를 감염시킨 장내 세균은 새끼 포유동물의 몸속에 정착해 번식한다.

이 세상의 생명체가 개별적인 개체라는 생각을 바꾼다면 진화의 전체 과정 또한 새롭게 생각해야 한다. 린 마굴리스는 1991년에 생명체 간의 결합, 즉 생물 숙주와 그에 속한 미생물 간의 결합을 '전생명체Holobiont'라는 개념으로 표현했다. 말 그대로 전체 생명체라는 뜻이다. 이런 관점에서 보면 전생명체의 자연 선택이란 개별 요소가 아닌 한 생물을 이루는 데 가담하는 모든 생명체가 선택된다는 것이다. 모든 생물종을 각 개체 별로 따로 관찰하는 것은 더 이상 의미가 없다. 생명체의 구조와 복잡성은 결합에 있다. 마굴리스는 전생명체라는 개념을 미생물과 고등생물 혹은 식물의 관계로만 국한하지 않고 훨씬 더 보편적으로 생각했다. 5장 티핑 포인트에서 소개한 생태학적 연결망을 보면 각 종이 서로 복잡한 관계를 맺으며 연결돼 있다는 것을 알 수 있다.

린 마굴리스는 생물리학자 제임스 러브록James Lovelock과 함께 1970년대 중반에 전생명체라는 개념을 전체 생물권에 적용하고 '가이아 이론Gaia theory'을 세웠다. 가이아 이론에 따르면 지구의 생물권은 스스로 조절하는 시스템으로서 상호작용하는 메커니즘을 기반으로 진화와 안정화에 맞는 최적의 조건을 만든다. 이 견해를 일목요연하게 뒷받침하고자 제임스 러브록은 앤드루 왓슨Andrew Watson과 함께 1983년에 '데이지월드Daisyworld'라는 컴퓨터 시뮬레이션을 개발했다.[4]

가상의 행성에 오직 두 가지 종류의 데이지가 살면서 번식한다. 하나는 하얀 데이지이고, 다른 하나는 검은 데이지이다. 밝은색 꽃은 더 많은 빛을 반사하므로 주변의 온도를 더 낮게 유지할수 있고, 어두운 색 꽃은 더 많은 빛을 흡수하므로 주변을 따뜻하

데이지월드

게 만든다. 컴퓨터 시뮬레이션에서 태양의 복사 에너지를 점점
늘리면 꽃들을 둘러싼 외부적인 조건도 서서히 변한다. 처음에
는 어두운 꽃만 자란다. 빛을 흡수해 주변의 미기후Microclimate를 따
뜻하게 만들기 때문에 성장이 촉진되는 것이다. 그런데 검은 꽃
이 먼저 성장하면 그것은 곧 근처에 있는 하얀 꽃에도 좋은 일이
다. 검은 꽃 덕분에 주변 환경이 더 따뜻해지면서 하얀 꽃도 영향
을 받기 때문이다. 그렇게 검은 꽃과 하얀 꽃 사이에 균형이 잡힌

다. 그러다가 태양의 복사 에너지가 점점 더 늘어나면 데이지월드의 기온이 상승한다. 점진적으로 상승한 기온은 어느새 두 색상의 꽃이 모두 살기 어려운 지경에 이를 정도로 높아진다. 그러면 꽃이 죽는다. 이때는 검은 꽃이 먼저 죽고 만다. 앞서 설명했듯 하얀 꽃은 빛을 반사해 주변의 열을 낮추지만 검은 꽃은 빛을 흡수해 주변의 온도를 더 높이기 때문이다. 검은 꽃이 대부분 먼저 죽고 나면 다수가 된 하얀 꽃 덕분에 지표면의 온도가 점차 낮아진다. 그러면 데이지월드의 온도는 검은 꽃이 다시 자랄 수 있을 정도로 내려간다. 결국 검은 꽃과 하얀 꽃의 간접적인 협력이 두 종이 모두 살아남을 수 있는 환경을 만든다. 그뿐 아니라 태양의 복사 에너지가 어떻게 변하든 두 꽃의 협력 관계를 통해 지표면의 온도가 일정한 수준으로 조절된다. 마굴리스가 제시한 세포 내 공생 이론이 그랬듯이 가이아 이론 또한 여러 경험적 근거를 보였음에도 여전히 논란의 중심이다. 다만 재미있게도 생물 서식 공간^{Biotope}이 주변 기후를 조정하는 역할을 하는 예시는 더 많이 발견되고 있으며 지난 몇 년 동안 가이아 이론은 기후과학자와 생태학자 사이에서 다시 인기를 얻고 있다.

진화 게임 이론

자연과 공생 관계, 상리공생 관계에서 발생하는 협력적인 효과가 보편적이고 다양하다는 것은 경험적 사실일 뿐이다. 이런 과정이 사회적·경제적·정치적 영역에서도 중요한 역할을 하는지 여부는 아직 정확히 알 수 없다. 다른 모든 복잡한 시스템과 마찬가지로 진화생물학적인 그리고 사회적인 과정을 묘사하고 그 안에서 벌어지는 협력의 핵심을 설명하려면 이론이나 모델이 필요하다. 왜, 그리고 어떤 조건 아래서 협력이 발생하고, 그것이 견고한지 경쟁과 다툼이 기반이 되는 시스템에 대항할 수 있는지 여부를 알아봐야 하기 때문이다.

1950년대 중반 몇몇 이름난 과학자들이 협력적인 혹은 비협력적인 전략을 설명하는 통합적인 이론의 뼈대를 만들었다. 이 과정에 참여한 사람 중 한 명은 동시대 아주 중요한 과학자로 꼽히는 진화생물학자인 존 메이너드 스미스다. 스미스는 진화 과정을 더 깊이 이해하기 위해 진화생물학의 아이디어를 경제학에 적용했다. 그는 진화 게임 이론Evolutionary Game Theory을 고안하기도 했다. 이 이론을 간략하게 설명하자면, 자연에서 혹은 사회에서 발생하는 어떤 사건과 그 발생 과정이 구성원 사이의 게임이라는 것이다. 구성원들은 각자 자신의 이익을 극대화하고 손해를 최소화하려고 서로 다른 전략을 세운다. 이 이론을 가장 알기 쉽게 설명하는 실험이 바로 죄수의 딜레마다.

범죄를 저지른 두 사람 A와 B가 경찰에 붙잡힌다. 두 사람은 함께 두 가지 범행을 저질렀다는 혐의를 받고 있다. 하나는 경범죄이고, 다른 하나는 중범죄다. 그런데 경범죄에 대한 증거만이 충분한 상황이다. A와 B는 각기 따로 조사를 받는다. 만약 둘 다 침묵한다면, 중범죄에 대한 증거가 불충분하기 때문에 둘 다 경범죄에 대해서만 1년의 징역형을 받을 것이다. 그런데 A가 B를 배신해 두 가지 범행 모두를 자백하고, B는 침묵한다면 A는 경찰을 도왔다는 이유로(공범 증인 면책) 징역형을 받지 않고 B가 3년형을 선고받는다. A와 B가 둘 다 서로를 배신한다면 두 사람 모두 2년의 징역형을 선고받는다. A와 B는 어떻게 할지를 심사숙고해 결정해야 한다. 만약 자신이 죄를 인정했는데 상대방이 침묵한다면 자백하기를 잘한 일일 것이다. 중요한 건 상대방의 생각도 똑같으리라는 사실이다. 수학 방정식으로 생각해도 상대방을 배신하고 자백하는 편이 낫다. 두 사람이 모두 범행을 부인하는 방식으로 협력하는 것보다 1년 더 많은 2년형을 선고받을 테지만 말이다. 두 사람에게 이익이 가장 크더라도, 개인적인 관점에서 보자면 협력은 가장 좋은 전략이 아니다. 이런 효과를 공유지의 비극^{Tragedy of the Commons}이라고도 한다.

이와 비슷한 대부분의 모델에서 협력은 더 비싼 투자, 즉 더 많은 비용을 들여야 하는 행위로 여겨지는데, 그 이유는 모든 구성원이 함께 해야만 모두에게 분배될 높은 이익을 얻을 수 있기 때문이다. 협력하지 않고 비용을 함께 부담하지 않는 구성원, 즉 배신자가 발생하더라도 그 구성원 또한 이익을 얻는다. 그래서 전략적으로 보면 협력하지 않는 사람들이 늘 유리하다.

다른 모델에서 이런 현상이 더 분명하게 나타난다. 10명이 함께 돈을 저축하고 높은 이익을 얻을 수 있다고 하자. 모든 사람이 (익명으로) 100유로를 돼지 저금통에 넣는다. 그 돈을 모두 투자하면 500%의 이익을 얻을 수 있다. 이익은 모든 구성원들에게 똑같이 분배된다. 모든 사람이 참여한다면 돼지 저금통에는 1,000유로가 모이고, 이 돈은 곧 5,000유로가 되어 돌아온다. 그것을 다시 10명이 나누면 1인당 500유로다. 순이익은 400유로인 셈이다. 그런데 8명만이 참여하고 2명의 '배신자'가 발생했다고 하자. 그러면 10명이 4,000유로의 이익을 나눠 가져야 한다. 실제로 돈을 투자한 사람들은 300유로의 순이익을 얻는데, 돈을 투자하지 않은 사람은 400유로를 가져간다. 모든 구성원이 이기적인 전략을 따른다면 돼지 저금통에 모이는 돈은 점점 줄어들어 종국에는 누구도 이익을 얻지 못한다.

진화 게임 이론은 여러 진화 과정을 설명하는 기반으로 사용된다. 이 이론 덕분에 신다윈주의적인 접근법으로 뒷받침되는 자연의 수많은 전략적인 경쟁을 명확하게 설명할 수 있다. 그러나 이론은 항상 직접 관찰 가능한 현상을 설명해야 하고, 그럴 수 없다면 맞지 않는 관찰 결과를 무시한다고 하더라도 옳은 이론이 될 수 없다. 자연에 사는 생명체의 협력은 법칙이지 예외가 아니기 때문에 이런 보편적인 요소를 포착하지 못하는 이론이 얼마나 좋은 이론일지는 의심스럽다.

협력의 발생을 이론적으로 연구하는 대부분의 과학자들이 게임 이론적인 접근법을 확장하는 데 집중하고 있다. 그중에서도 크리스토프 하우어트Christoph Hauert, 실비아 드 몬테Silvia De Monte, 요제프 호프바우어Josef Hofbauer, 카를 지크문트Karl Sigmund가 만든 모델이 특히 흥미롭다.[5] 이 모델은 앞서 설명한 모두가 돈을 투자하고 이익을 나눠 갖는 모델을 기반으로 한다. 원래 모델에서는 참가자들에게 오직 두 가지 선택지가 있다. 돼지 저금통에 돈을 넣는 것(협력하기)과 넣지 않는 것(배신자 되기)이다. 확장된 모델에는 세 가지 선택지가 있다. 아예 집단의 행동에 참여하지 않고 돈을 개인적으로 투자해서 적은 이익이나마 혼자 갖는 것이다. 배신자가 없는 집단과 비교하면 단독 투자자가 얻는 이익이 적다. 그런데 집단 내의 배신자 수가 늘어나서 사람들이 얻는 이익이 줄어든다면 집단에 속해 있던 사람들도 언젠가는 집단에서 빠져

나가 혼자 투자하는 편이 합리적일 것이다. 그러면 집단의 규모가 계속 줄어들고 배신자들이 얻는 이익도 감소할 것이다. 그러다가 어느 순간 배신자, 단독 투자자, 서로 협력하는 소규모 그룹이 견고한 균형을 이루는 전체가 탄생한다. 협력하는 집단에 참여하지 않는 전략이 오히려 협력을 공고히 할 수 있는 셈이다. 또한 이런 전체 내에서는 협력하는 사람들, 배신자, 단독 투자자들이 돌아가면서 우위를 차지할 수 있다. 예를 들어 협력하는 사람들이 우세해져서 다른 모든 사람들이 협력하기 시작하면 얼마 지나지 않아 배신자의 수가 늘어난다. 그러면 집단에서 빠져나가는 단독 투자자들이 생긴다. 단독 투자자들은 배신자가 사라질 때까지 혼자 행동하다가 협력해도 좋겠다는 판단이 서면 다시 집단으로 돌아간다. 이쯤에서 간단한 수학적 모델이 현실을 그대로 나타낼 수 있느냐는 의문이 든다. 이를 알아보고자 진화생물학자 디르크 제만Dirk Semmann, 수학자 한스 위르겐 크람베크Hans-Jürgen Krambeck, 내륙 수로 연구자 만프레트 밀린슈키Manfred Milinski가 나섰다. 이들은 대학교 신입생 280명을 데리고 실제 모델을 구성했다. 학생들은 매번 10유로씩을 갖고 세 전략 중 어떤 전략을 따르는지 비밀로 한 채 투자에 참여했다. 투자 게임을 여러 번 반복한 다음 연구진은 각 전략의 주기를 측정했다.[6]

이렇게 만들어진 전체 모델은 이끼와 박테리아를 떠오르게 한다. 이끼를 이루는 버섯과 조류의 협력이나 박테리아와 동물 사이의 상리공생 또한 때때로 선택적인 것이기 때문이다. 결국 협력과 또 다른 대안이 주어진다면 자유의지의 판단 기준이 중요하다. 만약 협력이 강제된다면 마지막에는 결국 배신자들만 남게 될 것이다.

생물학적인 그리고 사회적인 시스템에서 협력이란 매우 중요한 요소이기 때문에 협력을 강화할 수 있는 여러 메커니즘이 개발되었다. 그중 마틴 노왁Martin Nowak과 카를 지크문트가 1998년에 공개한 모델이 단순하면서도 흥미롭다.[7] 이 모델에 속한 사람들은 서로에게 좋은 일을 할 수 있다. 예를 들어 A는 B를 지지할수 있다. A는 B를 도울 때 비용을 지불하고, A의 도움으로 인해B는 이익을 얻는다. A가 지불하는 비용보다 B가 얻는 이익이 더크다고 하자. 그렇다면 모두를 위한 전체 이익이 전체 비용보다크니 A와 B가 협력하는 편이 낫다. 그런데 둘 중 한 명이 다른 한명을 돕지 않으면서 본인은 상대방의 도움을 받기로 한다면 그사람은 아무런 비용 지불 없이 이익만 얻게 된다. 그러면 그 관계는 곧 아무도 서로를 돕지 않는 방향으로 나아간다. 이것이 공유지의 비극이다.

노왁과 지크문트는 자신들이 만든 모델의 크기를 키웠다. 모든 구성원은 개별적이면서도 모든 타인에게 보이는 이미지를 갖고 있다. 그 이미지는 긍정적일 수도 부정적일 수도 있다. 만약 구성원이 타인을 돕는다면 긍정적인 이미지가 커지고 돕지 않는다면 줄어든다. 모든 개인은 각기 다른 전략에 따라 움직일 수 있다. 예를 들어 어떤 사람은 어느 상황에서든 남을 도울 수 있다. 도움을 받는 사람이 어떤 이미지를 갖는지는 중요하지 않다. 또 어떤 사람은 이미지가 좋은 사람만 골라 도울 수 있다. 분석 결과, 긍정적인 이미지를 가진 사람들(즉, 과거에 다른 사람을 도운 적이 있는 사람들)을 돕는 차별화된 전략만이 살아남았다. 시간이 지나면서 모델의 구성원들 사이에서는 협력과 비협력이 규칙적으로 반복하여 나타났다. 사람들이 협력하는가 싶으면 다시 협력하지 않는 시기가 찾아온 것이다.

얼마 후 아르논 로템Arnon Lotem, 마이클 피시먼Michael Fishman, 루이 스톤Lewi Stone이 모델을 더욱 확장했다.[8] 이들은 모델 내 구성원 중 어떤 이유로든 본인이 원하더라도 타인을 도울 수 없는 구성원이 나타날 수 있다는 사실에 주목했다. 흥미롭게도 타인에게 도움을 베풀 수는 없지만 자신은 다른 사람의 도움에 의존하는 이런 개인들이 시간이 지날수록 집단의 협력을 견고하게 만들었다.

점점 더 많은 진화이론학자, 사회과학자, 경제학자들이 협력이라는 현상을 집중 연구하고 있다. 현재 사용되는 모델은 전부 개인을 개별적인 특성과 상태, 비용, 이익을 지닌 근본적이고 '진화

가능한 단위'로 보고 있다. '개인'을 먼저 논하지 않고 협력을 설명하는 논리적인 이론은 존재하지 않는다. 생명체가 처음 나타났을 때부터 존재했으며 생명체를 견고하게 만든 요소인 협력, 연결망, 전생명체, 공생, 상리공생 등에 대한 미생물학 분야의 지식은 우리에게 대안적인 관점과 사고방식을 알려준다. 왜냐하면 미생물학 분야의 지식은 신다윈주의, 경쟁, 싸움, 개인주의 등의 근본 원칙과 상관없이 태초부터 존재한 것이기 때문이다. 아직은 규모가 작지만 점점 더 많은 과학자들이 협력적인 사고방식을 지지하며 조화로운 진화 이론을 전개하기 위해 노력하고 있다. 미래에 어떤 규칙에 따라 자연의 관계가 다양해지고 선택되었는지 명확하게 밝힐 수 있다면 새로운 사고모델에서 실용적이고 사회적인 해답을 찾을 수 있을지도 모른다. 지난 100년 동안 신다윈주의와 사회다윈주의가 서로를 의심하며 치명적인 삶의 구상과 경제 계획을 내놓았다. 바로 고삐 풀린 성장, 독점 대기업, 획일화, 다양성 상실이다. 어쩌면 지금이야말로 자연의 가장 성공적인 전략에서부터 배워서 그것을 우리의 사회 구조에 적용해야 할 시점인지도 모른다. 자연의 가장 성공적인 전략이란 협력이다.

위기에서 우리를 도울 수 있는 도구 상자, 복잡계 과학

네안데르탈인은 4만 년 전에 멸종했다. 어렸을 때 나는 네안데르탈인이 현대 인간의 초기 단계이자 유인원에서부터 진화해 영장류가 된 종이라고 배웠다. 몸은 근육질이고 지능은 조금 낮으며 대근육 운동이 가능하지만 말은 못하고 몸에 털이 많으며 피부가 어둡고(과거의 백인 남자들이 얼마나 인종차별적인 이론을 발표했었는지는 이미 언급했다) 헐벗었거나 허리에 천을 두르는 정도로만 옷을 입고 살았던 영장류라고 알고 있었다.

오늘날 우리는 네안데르탈인이 사람속Homo의 한 종이라는 사실을 알고 있다. 이들은 여러 면에서 현대의 우리들과 비슷했다. 네안데르탈인들은 우리 현대인이 세상에 태어나기 아주 오래전

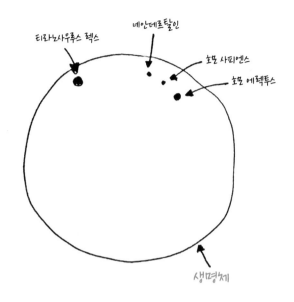

티라노사우루스 렉스

네안데르탈인

호모 사피엔스

호모 에렉투스

생명체

에 유럽과 아시아 대륙에 살았다. 나중에 밝혀진 바에 따르면 네안데르탈인들은 말을 할 수 있었다. 죽은 가족이나 동료는 땅에 묻었다. 서로 협력해 아주 현명한 방식으로 사냥을 했고 각종 도구와 사냥에 쓸 무기, 예술품을 만들었다. 불을 사용했고 직접 만든 옷을 입었다. 네안데르탈인의 뇌는 현대인의 뇌와 크기가 비슷했다. 흔히 네안데르탈인의 얼굴을 재현한 이미지를 보면 눈 윗부분 뼈가 돌출되어 있는데, 이는 당시 사람들의 특징이다. 당시의 '현대적인' 인간들은 대부분 눈 윗부분이 돌출되어 있었다. 눈 윗부분 뼈는 나중에 점점 밋밋해지는 방향으로 진화했다. 네안데르탈인의 피부색은 크로마뇽인보다 더 밝았을 것이라고 추정된다. 크로마뇽인은 아프리카에서 유럽으로 이주한 현대인의 조상이다.

약 4,000년 동안 네안데르탈인과 현생 인류는 유럽 각지에 흩어져 살았다. 그뿐만이 아니다. 네안데르탈인과 호모 사피엔스는 여기저기서 교류했던 것으로 추정된다. 오늘날 유럽인과 아시아인의 유전자에 그 흔적이 명백하게 남아 있기 때문이다. 그들이 남긴 유전질의 2.5% 정도가 아직도 우리에게 이어지고 있다. 이것은 어쩌면 10만 년이라는 짧은 시간 동안 지구상에 존재했다가 조용히 사라진 네안데르탈인에게 작은 위안이 되는 소식일지 모르겠다. 네안데르탈인이 현생 인류에게 떠밀려 멸종한 것인지는 아직 정확히 밝혀지지 않았다. 다만 네안데르탈인의 개체 수가 너무 느리게 증가했고 지나치게 자주 이곳저곳으로 이주했기 때문에 이들이 멸종했을 가능성이 있다. 네안데르탈인이 현생 인류와 직접적으로 갈등을 빚었는지 여부는 아직 증거가 없으니 알 수 없다. 종의 측면에서 보자면 네안데르탈인의 멸종은 비극이다. 현재 우리가 속해 있는 사람속 전체의 측면에서 보아도 비극이다. 호모 에렉투스, 호모 플로레시엔시스, 호모 하이델베르겐시스, 호모 에르가스터 등 사람속의 몇몇 다른 종은 모두 잠깐만 살았다가 사라졌다. 다만 지구의 관점에서 보자면 전혀 비극이 아닐 것이다.

지구는 약 45억 4,000만 살이다. 약 37억 년 전부터 지구는 살아 움직였다. 몇몇 과학자들은 이미 42억 년 전부터 지구상에 생명체가 존재했을 것이라고 주장한다. 지구의 역사를 90분짜리 영화로 축소했다고 치자. 그러면 네안데르탈인이 살았던 기간은 대략 10분의 1초다. 눈 깜짝할 새보다 짧다. 지난 40억 년 동안 지구의 생물권에는 실로 가늠이 불가능할 정도로 많은 생명체가 나타났다. 그런데 지구의 역사에 나타났던 생물종 중 99.9%가 멸종했다. 지구는 지난 5억 년 동안 다섯 차례의 대멸종을 겪었다. 수많은 빙하기와 온난기(간빙기)가 번갈아 나타났다. 일부 과학자들은 약 6억 년 전까지 지구가 2억 년 동안 완전히 얼음에 뒤덮여 있었을 것이라고 주장한다(눈덩이 지구). 그럼에도 생명체는 살아남았다.

25억 년쯤 전은 이미 지구가 살아 움직이기 시작한 지 10억 년 이상 지난 시기였다. 당시 지구상에 살던 생명체는 산소가 필요 없었다. 초기 남세균, 즉 아주 작고 단세포인 생명체가 나타나기 시작하고서야 광합성 작용의 부산물로 엄청난 양의 산소가 만들어지기 시작했다. 당시에는 오늘날보다도 공기 중 산소 농도가 짙었다. 그런데 그때만 해도 산소가 대부분의 생명체에는 독극물이나 마찬가지였기 때문에 대멸종이 발생하고 말았다(산소 대참

사). 남세균은 오늘날까지도 살아 있으며 그 수도 적지 않다. 남세 균종인 프로클로로코쿠스 마리누스^{Prochlorococcus marinus}는 개체 수가 가장 많은 생명체이며 우리 대기 중 산소의 대부분을 만들어낸 다. 대략적인 계산에 따르면 산소 중 13~50% 정도를 이 남세균 이 만들어낸다고 한다. 매 두 번째 호흡마다 우리는 남세균이 만 들어낸 산소를 흡입한다. 지구의 바다에는 1극(10의 48제곱) 마리 의 남세균이 살고 있다. 그럼에도 남세균의 존재는 1992년에 처 음 발견되어 세상에 알려졌다(이 종의 개별 세포는 매우 작다).

남세균과 네안데르탈인에게서 무엇을 배울 수 있을까? 첫째로 우리는 우리가 속한 사람속의 종이 지구상에 특별히 오래 존재 했던 종은 아니라는 점을 알 수 있다. 사실상 사람속은 진화 과정 에서 나타난 부수적인 종이자 다른 종에 비해 짧게 살고 사라지 는 경향이 있는 생명체다. 둘째로 호모 사피엔스가 지구의 환경 을 장기적이고 비가역적으로 대격변시킨 유일한 생명체는 아니 라는 점을 알 수 있다. 우리는 비교적 짧은 시간 동안 지구의 환 경을 크게 변화시켰는데, 자신들이 급격하게 변화시킨 환경에서 살아남은 남세균과는 달리 우리는 변해버린 환경 속에서 살아남 지 못할 것이다. 우리 인간이 지구상의 생명체에 아무런 의미가 없는 종이라는 사실을 인지하면 현재의 위기가 왜 발생했는지를 더 명확하게 알 수 있다. 기후 위기, 디지털화와 세계화에 따른 위기, 생물 다양성 손실, 금융 및 경제 위기, 인구 과밀, 식량난 등은 하찮은 우리 종을 구하려다가 발생한 것이다.

현재로서 우리는 위기를 극복하지 못할 것으로 보인다. 냉정하게 보자면 그렇다. 축구 팬들이라면 응원하는 팀이 연장전에 0대 3으로 뒤지고 있을 때 아무것도 할 수 없는 기분을 잘 알 것이다. 팬으로서는 그저 보고 있을 수밖에 없다. 어쩌면 경기장에서 벗어나 집으로 가거나, 집에서 축구를 보고 있었다면 TV를 끌 수도 있겠다. 그러나 일말의 희망은 남아 있다. 어렸을 때 나는 축구 경기를 자주 봤다. 아직도 1980년 유로파 리그의 마지막 경기를 기억하고 있다. 독일과 벨기에의 경기였다. 우리 팀에는 헤딩 괴물이라 불리던 호르스트 흐루베슈Horst Hrubesch가 있었다. 후반 43분일 때 스코어는 1대 1. 열 살이던 나는 더 이상 견딜 수가 없었다. 방으로 달려가 이층침대로 올라간 다음 주먹을 꼭 쥐고 눈을 감았다. 곧 거실에서부터 부모님의 환호성이 들렸다. 호르스트 흐루베슈가 스코어를 2대 1로 만들었다. 그 후 흐루베슈가 인터뷰에서 "만프레트가 바나나처럼 휘는 센터링을 올리고 내가 머리를 갖다 대니 골이 됐다."라고 말한 내용은 지금까지도 회자되고 있다. 어린 시절의 기억 중 흥분해서 날뛰었던 적은 많지 않다. 그때의 축구 경기는 내가 열광했던 몇 안 되는 순간 중 하나다. 노르웨이의 경험과 호수를 건너는 클라우스 클라인베히터를 보았던 때와 똑같았다. 어린 나는 항상 호르스트 흐루베슈에게 기대를 걸었다. 그는 절대로 날 실망시킨 적이 없다.

가망 없는 인류, 턱 끝까지 닥친 여러 위협 요소, 정치적 무관심, 점점 기괴하게 일그러져 가는 인간관계, 대규모 정신 이상, 독재자, 그리고 이런 위기에서 우리가 천만다행으로 빠져나갈 수 있는 가능성이 매우 낮다는 현실에도 불구하고 나는 아주 작은 희망을 품고 있다. 축구 시합을 봤을 때와 마찬가지로. 안타깝게도 복잡계 과학과 이 책이 인류를 구할 안내서가 되지는 않을 것이다. 하지만 비극적 사건을 반면교사로 삼고 위기에서 규칙을 발견하고 다른 관점을 취하고 모든 것들이 어떻게 연관되어 있는지를 이해하도록 우리를 도울 도구 상자는 될 수 있을 것이다. 우리는 복잡계 과학의 도움으로 규율에서 벗어난 생각을 하고 필수적인 메커니즘을 확인하고, 세세한 것들만 따지다가 길을 잃지 않고 여러 현상 사이의 연결을 인식한 다음 그 공통점에서 배울 수 있다. 공통점만이 서로 연결되어 있기 때문이다. 차이점에서는 배울 것이 없다. 우리는 그저 차이점을 규명하고 그 수를 셀 뿐이다.

모두가 과감하게 호르스트 흐루베슈가 된다면 기회를 잡을 수 있을지도 모른다. 흐루베슈는 이기적인 선수가 아니었다. 그는 다른 선수들과 협력하며 실력을 키웠다. 그 경기, 그 자리에서 그는 팀이라는 복잡한 연결망의 일원이었고 집단행동 속에서 효율적으로 움직였다. 잘난 체하지 않고, 겸손하게, 조용히, 하지만 대범하게 움직였다. 임계 상황을 극복할 수 있는 사람은 누구나 호르스트 흐루베슈다. 그는 이미 모두가 질 것이라 예상한 시합의 티핑 포인트를 바꾸었다. 흐루베슈는 항상 온 힘을 다해 자신의 육중한 몸을 내던져 공에 이마를 갖다 댔다. 공이 있는 곳에는 그의 머리도 있었다. 비유적으로 이제는 우리 모두가 호르스트 흐루베슈처럼 현재의 문제와 위기에 우리의 이마를 갖다 대고 온몸을 던지고 머리를 이용해야 한다. 두통에 머리가 지끈거리더라도 말이다. 그리고 센터링을 올려 흐루베슈를 어시스트한 팀 동료 만프레트 칼츠Manfred Kaltz처럼 우리도 전혀 생각지 못한 곳에서 연결을 찾아내기 위해 다양한 각도로 생각하고 크게 휘는 공을 찰 수 있어야 한다. 머릿속에서 어떤 사건을 이리저리 굴리며 측면도 봤다가 거꾸로도 봐야 한다.

주

프롤로그

1   May, R. M., Levin, S. A. & Sugihara, G. Ecology for bankers. *Nature* 451, 893-894 (2008).

1장 | 복잡성

1   Hufnagel, L., Brockmann, D. & Geisel, T. Forecast and control of epidemics in a globalized world. *PNAS* 101, 15 124-15 129 (2004).

2   May, R. M. & Lloyd, A. L. Infection dynamics on scale-free networks. *Phys. Rev. E* 64, 066112 (2001).

3   May, R. M. Simple mathematical models with very complicated dynamics. *Nature* 261, 459-467 (1976).

4   Dietz, K. & Heesterbeek, J. A. P. Daniel Bernoulli's epidemiological model revisited. *Mathematical Biosciences* 180, 1-21 (2002).

5   Kermack, W. O., McKendrick, A. G. & Walker, G. T. A contribution to the mathematical theory of epidemics. *Proceedings of the Royal Society of London. Series A, Containing Papers of a Mathematical and Physical Character* 115, 700-721 (1927).

2장 | 조화

1   Huygens, C. Oeuvres complètes de Christiaan Huygens. Publiées par la Société hollandaise des sciences. 1-644 (M. Nijhoff, 1888). Übersetzung des Autors.

2   Elton, C. & Nicholson, M. The Ten-Year Cycle in Numbers of the Lynx in Canada. Journal of Animal Ecology 11, 215-244 (1942).

3   Buck, J. & Buck, E. Synchronous Fireflies. Scientific American 234, 74-85 (1976).

4   Cooley, J. R. & Marshall, D. C. Sexual Signaling in Periodical Cicadas, Magicicada spp. (Hemiptera: Cicadidae). Behaviour 138, 827-855 (2001).

5   Néda, Z., Ravasz, E., Brechet, Y., Vicsek, T. & Barabási, A.-L. The sound of many hands clapping. Nature 403, 849-850 (2000).

6   Saavedra, S., Hagerty, K. & Uzzi, B. Synchronicity, instant messaging, and performance among financial traders. PNAS 108, 5296-5301 (2011).

7   Anderson, R. M., Grenfell, B. T. & May, R. M. Oscillatory fluctuations in the incidence of infectious disease and the impact of vaccination: time series analysis. J Hyg (Lond) 93, 587-608 (1984).

8   Grenfell, B. T., Bjørnstad, O. N. & Kappey, J. Travelling waves and spatial hierarchies in measles epidemics. Nature 414, 716-723 (2001).

9   Acebrón, J. A., Bonilla, L. L., Pérez Vicente, C. J., Ritort, F. & Spigler, R. The Kuramoto model: A simple paradigm for synchronization phenomena. Rev. Mod. Phys. 77, 137-185 (2005).

10   Strogatz, S. H., Abrams, D. M., McRobie, A., Eckhardt, B. & Ott, E. Theoretical mechanics: crowd synchrony on the Millennium Bridge. Nature 438, 43-44 (2005).

3장 | 복잡한 연결망

1   Albert, R., Jeong, H. & Barabási, A.-L. Diameter of the World-Wide Web. Nature 401, 130-131 (1999).

2   Ugander, J., Karrer, B., Backstrom, L. & Marlow, C. The Anatomy of the

Facebook Social Graph. *arXiv:1111.4503* (2011).

3   Lusseau, D. *et al.* The bottlenose dolphin community of Doubtful Sound features a large proportion of long-lasting associations. *Behav Ecol Sociobiol* 54, 396-405 (2003).

4   Stopczynski, A. *et al.* Measuring Large-Scale Social Networks with High Resolution. *PLOS ONE* 9, e95978 (2014).

5   Kumpula, J. M., Onnela, J.-P., Saramäki, J., Kaski, K. & Kertész, J. Emergence of Communities in Weighted Networks. *Phys. Rev. Lett.* 99, 228701 (2007).

6   Barabási, A.-L. & Albert, R. Emergence of Scaling in Random Networks. *Science* 286, 509-512 (1999).

7   Liljeros, F., Edling, C. R. & Amaral, L. A. N. Sexual networks: implications for the transmission of sexually transmitted infections. *Microbes and Infection* 5, 189-196 (2003).

8   Boguñá, M., Pastor-Satorras, R. & Vespignani, A. Absence of Epidemic Threshold in Scale-Free Networks with Degree Correlations. *Phys. Rev. Lett.* 90, 028701 (2003).

9   Cohen, R., Havlin, S. & ben-Avraham, D. Efficient Immunization Strategies for Computer Networks and Populations. *Phys. Rev. Lett.* 91, 247901 (2003).

4장 | 임계성

1   1장 복잡성 6 참조.

2   Bak, P., Tang, C. & Wiesenfeld, K. Self-organized criticality: An explanation of the 1/f noise. *Phys. Rev. Lett.* 59, 381-384 (1987).

3   Drossel, B. & Schwabl, F. Self-organized critical forest-fire model. *Phys. Rev. Lett.* 69, 1629-1632 (1992).

4   Eldredge, N. & Gould, S. Punctuated Equilibria: An Alternative to Phyletic Gradualism. *Models in Paleobiology* vol. 82, 82-115 (1971).

5   Bak, P. & Sneppen, K. Punctuated equilibrium and criticality in a simple

model of evolution. *Phys. Rev. Lett.* 71, 4083-4086 (1993).

6   Clauset, A., Young, M. & Gleditsch, K. S. On the Frequency of Severe Terrorist Events. *Journal of Conflict Resolution* 51, 58-87 (2007).

5장 | 티핑 포인트

1   Waddington, C. H. *Organisers and genes.* Cambridge (1940).

2   Kauffman, S. Homeostasis and Differentiation in Random Genetic Control Networks. *Nature* 224, 177-178 (1969).

3   Zilber-Rosenberg, I. & Rosenberg, E. Role of microorganisms in the evolution of animals and plants: the hologenome theory of evolution. *FEMS Microbiology Reviews* 32, 723-735 (2008).

4   May, R. M. *Stability and complexity in model ecosystems.* (Princeton University Press, 2001).

5   May, R. M. Thresholds and breakpoints in ecosystems with a multiplicity of stable states. *Nature* 269, 471-477 (1977).

6   Scheffer, M. *et al.* Early-warning signals for critical transitions. *Nature* 461, 53-59 (2009).

7   Scheffer, M., Carpenter, S., Foley, J. A., Folke, C. & Walker, B. Catastrophic shifts in ecosystems. *Nature* 413, 591-596 (2001).

8   Lenton, T. M. *et al.* Tipping elements in the Earth's climate system. *PNAS* 105, 1786-1793 (2008).

9   Alley, R. B., Marotzke, J., Nordhaus, W. D., Overpeck, J. T., Peteet, D. M., Pielke Jr., R. A., Pierrehumbert, R. T., Rhines, P. B., Stocker, T. F., Talley, L. D. & Wallace, J. M., Abrupt Climate Change. *Science* 299, 2005-2010 (2003)

10   Dakos, V. *et al.* Slowing down as an early warning signal for abrupt climate change. *PNAS* 105, 14308-14312 (2008).

11   Centola, D., Becker, J., Brackbill, D. & Baronchelli, A. Experimental evidence for tipping points in social convention. *Science* 360, 1116-1119 (2018).

12   Davidovic, S. *The ecology of financial markets.* (Dissertation, Humboldt-Universität zu Berlin, Lebenswissenschaftliche Fakultät, 2016).

13   Bascompte, J. Structure and Dynamics of Ecological Networks. *Science* 329, 765-766 (2010).

6장 | 집단행동

1   Vicsek, T., Czirók, A., Ben-Jacob, E., Cohen, I. & Shochet, O. Novel Type of Phase Transition in a System of Self-Driven Particles. *Phys. Rev. Lett.* 75, 1226-1229 (1995).

2   Couzin, I. D., Krause, J., James, R., Ruxton, G. D. & Franks, N. R. Collective Memory and Spatial Sorting in Animal Groups. *Journal of Theoretical Biology* 218, 1-11 (2002).

3   Rosenthal, S. B., Twomey, C. R., Hartnett, A. T., Wu, H. S. & Couzin, I. D. Revealing the hidden networks of interaction in mobile animal groups allows prediction of complex behavioral contagion. *Proc Natl Acad Sci USA* 112, 4690–4695 (2015).

4   Ballerini, M. *et al.* Interaction ruling animal collective behavior depends on topological rather than metric distance: Evidence from a field study. *Proc Natl Acad Sci USA* 105, 1232-1237 (2008).

5   Helbing, D. & Molnár, P. Social force model for pedestrian dynamics. *Phys. Rev. E* 51, 4282-4286 (1995).

6   Helbing, D., Johansson, A. & Al-Abideen, H. Z. Dynamics of crowd disasters: An empirical study. *Phys. Rev. E* 75, 046109 (2007).

7   Helbing, D., Farkas, I. & Vicsek, T. Simulating dynamical features of escape panic. *Nature* 407, 487-490 (2000).

8   Couzin, I. D. & Franks, N. R. Self-organized lane formation and optimized traffic flow in army ants. *Proceedings of the Royal Society of London. Series B: Biological Sciences* 270, 139-146 (2003).

9   Couzin, I. D. *et al.* Uninformed Individuals Promote Democratic Consensus in Animal Groups. *Science* 334, 1578-1580 (2011).

10   Kurvers, R. H. J. M. *et al.* Boosting medical diagnostics by pooling independent judgments. *PNAS* 113, 8777-8782 (2016).

11 Funke, M., Schularick, M. & Trebesch, C. *Populist Leaders and the Economy.* https://papers.ssrn.com/abstract=3723597 (2020).

12 Neal, Z. P. A sign of the times? Weak and strong polarization in the U. S. Congress, 1973-2016. *Social Networks* 60, 103-112 (2020).

13 Holley, R. A. & Liggett, T. M. Ergodic Theorems for Weakly Interacting Infinite Systems and the Voter Model. *The Annals of Probability* 3, 643-663 (1975).

14 Deffuant, G., Neau, D., Amblard, F. & Weisbuch, G. Mixing beliefs among interacting agents. *Advs. Complex Syst.* 03, 87-98 (2000).

15 Chuang, Y.-L., D'Orsogna, M. R. & Chou, T. A bistable belief dynamics model for radicalization within sectarian conflict. *Quart. Appl. Math.* 75, 19-37 (2016).

16 Conover, M. *et al.* Political Polarization on Twitter. *ICWSM* 5, (2011).

17 Holme, P. & Newman, M. E. J. Nonequilibrium phase transition in the coevolution of networks and opinions. *Phys. Rev. E* 74, 056108 (2006).

18 Bail, C. A. *et al.* Exposure to opposing views on social media can increase political polarization. *Proc Natl Acad Sci USA* 115, 9216-9221 (2018).

7장 | 협력

1 Darwin, C. *On the Origin of Species by Means of Natural Selection.* (Murray, 1859).

2 Weiss, S. F. After the Fall: Political Whitewashing, Professional Posturing, and Personal Refashioning in the Postwar Career of Otmar Freiherr von Verschuer. *Isis* 101, 722-758 (2010).

3 Gilbert, S. F., Sapp, J. & Tauber, A. I. A symbiotic view of life: we have never been individuals. *Q Rev Biol* 87, 325-341 (2012).

4 Watson, A. J. & Lovelock, J. E. Biological homeostasis of the global environment: the parable of Daisyworld. *Tellus B: Chemical and Physical Meteorology* 35, 284-289 (1983).

5 Hauert, C., Monte, S. D., Hofbauer, J. & Sigmund, K. Volunteering as Red

Queen Mechanism for Cooperation in Public Goods Games. *Science* 296, 1129-1132 (2002).

6   Semmann, D., Krambeck, H.-J. & Milinski, M. Volunteering leads to rock-paper-scissors dynamics in a public goods game. *Nature* 425, 390-393 (2003).

7   Nowak, M. A. & Sigmund, K. Evolution of indirect reciprocity by image scoring. *Nature* 393, 573-577 (1998).

8   Lotem, A., Fishman, M. A. & Stone, L. Evolution of cooperation between individuals. *Nature* 400, 226-227 (1999).

참고문헌

Per Bak, *How Nature Works: The Science of Self-Organized Criticality,* Coperni-
cus, 240 (1999)

Albert-Lászlo Barabási, *Linked: How Everything Is Connected to Everything Else
and What It Means for Business, Science, and Everyday Life,* Basic Books, 304
(2014)

David Epstein, *Range: How Generalists Triumph in a Specialized World,* Macmil-
lan, 368 (2020)

Stuart Kauffman, *The Origins of Order: Self-Organization and Selection in Evo-
lution,* Oxford University Press, 732 (1993)

Bernhard Kegel, *Die Herrscher der Welt: Wie Mikroben unser Leben bestim-
men,* DuMont, 384 (2016)

Lynn Margulis, *Der Symbiotische Planet oder Wie die Evolution wirklich verlief,*
Westend Verlag, 208 (2018)

Melanie Mitchell, *Complexity-A guided tour,* Oxford University Press, 366 (2011)

Eugene Rosenberg & Ilana Zilber-Rosenberg, *The Hologenome Concept: Hu-
man, Animal and Plant Microbiota,* Springer, 191 (2014)

Steven Strogatz, *Synchron: Vom ratselhaften Rhythmus der Natur,* Berlin Ver-
lag, 464 (2003)

찾아보기

자연은 협력한다

1판 1쇄 발행 2022년 11월 15일
1판 2쇄 발행 2022년 12월 30일

지은이 디르크 브로크만
옮긴이 강민경

발행인 정동훈
편집인 여영아
편집국장 최유성
편집 양정희 김지용 김혜정 박수현
디자인 홍경숙

발행처 (주)학산문화사
등록 1995년 7월 1일
등록번호 제3-632호
주소 서울특별시 동작구 상도로 282
전화 편집부 02-824-3866   마케팅부 02-828-8962~5

ISBN 979-11-6947-176-3 (03400)

값은 뒤표지에 있습니다.

알레는 (주)학산문화사의 단행본 임프린트 브랜드입니다.

알레는 독자 여러분의 소중한 아이디어와 원고를 기다리고 있습니다. 도서 출간을 원하실 경우
allez@haksanpub.co.kr로 간단한 개요와 취지, 연락처 등을 보내주세요.